基礎をかためる
生物・生化学

―栄養学を理解するための第一歩―

川端輝江・山田和彦・福島亜紀子・菱沼宏哉 [著]

朝倉書店

執筆者一覧

川端 輝江（かわばた てるえ）	女子栄養大学栄養学部教授
山田 和彦（やまだ かずひこ）	女子栄養大学栄養学部教授
福島 亜紀子（ふくしま あきこ）	女子栄養大学栄養学部教授
菱沼 宏哉（ひしぬま こうや）	仙台白百合女子大学人間学部教授

まえがき

　私たちヒトは日々の食事によって，食べ物に含まれる栄養素をからだに取り込み利用しています．この摂取から利用までの過程を「栄養」といい，ヒトが生命を維持するために欠かすことのできない営みです．ヒトが生命を維持し，身体的に健康であるためには，適切に栄養素を摂取することが必要となります．

　それでは，生まれてから死ぬまで，私たちは何をどれだけどのように食べたらいいのでしょうか．何をどれくらい食べるべきかの正しい判断をするためには，まずヒトのからだをよく知ったうえで，栄養との関わりを理解することが重要となります．

　地球上で最も進化した生物の一つであるヒトは，実に巧妙で複雑な構造と機能を持っています．このようなヒトのからだの構造と機能を十分理解するためには，生化学や解剖学，生理学を理解する必要があります．高校で習ってきた生物の知識は，これらの学問を学ぶための重要な礎となります．生物の共通の特徴は，細胞でそのからだが成り立っていること，遺伝現象によって自分と同じような子孫を作ること，細胞内では物質代謝が行われていること，まわりからのさまざまな刺激を受け取りそれに対して適切な応答をしていることです．これらの特徴を正しく理解しておくことが，人体の構造と機能を学ぶうえでの基礎的な知識につながり，さらには，栄養学への深い興味へと発展していくと筆者らは考えます．

　本書では，「ヒトは生物である」という原点に戻って，上述した生物の共通の特徴について一つ一つ解説しています．高校までの生物の基礎的な知識のおさらいから，大学で学ぶ生化学への橋渡しを目的として，各章を構成しました．管理栄養士・栄養士養成課程で学ぶ学生の方々，ならびに医療系の大学・短期大学，専門学校において人体の構造と機能を専門的に学ぶ方々の最初の学びの入口に本書が役立つことを心より願っています．

　文系の方でも理解できるよう，図表を多用し，平易な表現を心がけたつもりですが，不十分な箇所も多々あるかもしれないと危惧しています．読者の皆様からの忌憚ないご意見をいただければ幸いです．

　最後に，本書の出版にあたり多くの先行文献を参考にさせていただきました．また，多大なご尽力をいただきました朝倉書店編集部の皆様に厚く御礼申し上げます．

　2014 年 3 月

著者一同

目　次

序章　生物とは何か……………………………………………………〔川端輝江〕…1
　1.　生物とは……………………………………………………………………………1
　　　生物の特徴　1／生物の分類　2／ウイルスは生物か？　4／生物体のつくり　5

第1章　生命の単位―細胞………………………………………………〔川端輝江〕…7
　1.　細胞とは……………………………………………………………………………7
　　　細胞の発見　7／細胞の基本構造　7／細胞質の構造と働き　9／核の構造と働き
　　　11／物質の取り込みと排出　11／細胞分画法　13
　2.　細胞を構成している物質…………………………………………………………14
　　　水　14／たんぱく質　15／脂質　19／糖質　21
　3.　酵素とそのはたらき………………………………………………………………24
　　　酵素とは　24／酵素の構造　25／酵素の性質　25／酵素反応の阻害と調節　26
　　　／補酵素とは　27／酵素の種類　28／酵素の測定と臨床的意義　29

第2章　細胞から個体へ……………………………………………………………31
　1.　体細胞分裂…………………………………………………………〔川端輝江〕…31
　　　細胞周期と体細胞分裂　31／染色体の微細構造　33／単細胞生物から多細胞生物へ
　　　35
　2.　ヒトのからだの成り立ち…………………………………………………………36
　　　組織　36／器官と器官系　37
　3.　生　殖……………………………………………………………………………37
　　　無性生殖と有性生殖　38／減数分裂とその役割　39／精子・卵の形成　43

第3章　遺伝と変異……………………………………………………〔福島亜紀子〕…45
　1.　表現型と遺伝子型…………………………………………………………………45
　2.　メンデルの遺伝の法則……………………………………………………………45
　　　優性の法則　45／分離の法則　46／独立の法則　47／連鎖と独立　48／メンデ
　　　ル遺伝病　48
　3.　突然変異……………………………………………………………………………50
　　　遺伝子突然変異　50／染色体突然変異　51／体細胞突然変異と生殖細胞突然変異
　　　53／突然変異が起こる原因　53
　4.　遺伝情報とその発現………………………………………………………………53
　　　遺伝情報を担う物質　53／DNAの複製　56／たんぱく質の合成　58

第4章　生化学反応と代謝……………………………〔山田和彦・川端輝江〕…*63*

1. 生化学反応と代謝……………………………………………………………*63*
   同化と異化　*63*／独立栄養生物と従属栄養生物　*64*／生体エネルギーの通貨＝ATP　*65*

2. エネルギーの産生……………………………………………………………*66*
   基本的な代謝の流れ　*66*／解糖系　*67*／クエン酸回路　*69*／電子伝達系　*71*／脂肪酸の酸化　*73*／アミノ酸の代謝　*75*

3. エネルギー代謝以外の糖質および脂質代謝…………………………………*80*
   グリコーゲン代謝　*80*／糖新生　*81*／脂肪酸の合成　*82*／トリアシルグリセロールの合成と分解　*83*

第5章　内部環境の調節………………………………………〔菱沼宏哉〕…*85*

1. 外部環境と内部環境…………………………………………………………*85*
2. 内部環境の調節………………………………………………………………*86*
   内分泌系による調節　*87*／自律神経系による調節　*90*／神経系と内分泌系による細胞外液の恒常性の維持　*93*／免疫系による調節　*94*
3. 内分泌系・神経系・免疫系の「対話」…………………………………………*98*

索　　引……………………………………………………………………………*101*

序章 生物とは何か

1. 生物とは

地球上の生物には，現在，植物と動物を合わせて，約180万種が確認されています．さらに，未発見の種を含めると地球上には1000万から1億種の生物が存在するだろうといわれています＊．

▶植物と動物どちらが多い？
地球上の生物約180万種のうち，約40万種が植物，約140万種が動物．

(1) 生物の特徴

生物にはどのような特徴があるのでしょうか（図0.1）．

①生物は細胞からなる

柔らかで小さな袋である細胞から成り立っています．細胞は，脂質やたんぱく質からなる細胞膜に被われており，それによって，まわりと隔てられた領域をもちます．

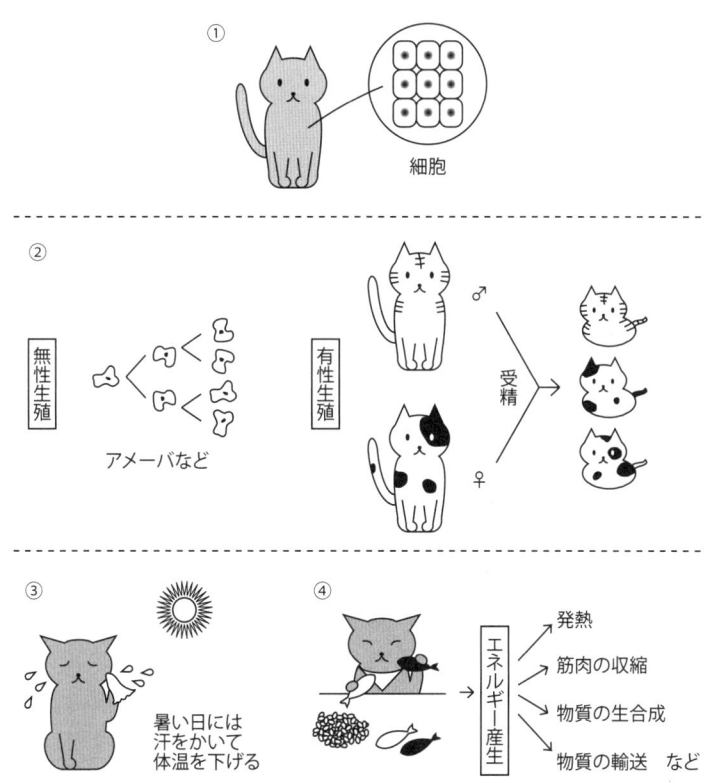

図0.1 生物とは

②生物は自己増殖する

　植物にしても，動物にしても，生物は遺伝現象によって自分と同じような子孫をつくります．また，細菌のような生物は自分が2つに分裂することで増えていきます．

③まわりからの刺激に応答する

　生物は，まわりからのさまざまな刺激を受け取り，それに対して適切な応答をします．

④物質の代謝を行っている

　細胞内では，外から取り入れた物質を分解してエネルギーを取り出し，または，必要な物質につくり変えて自身のからだをつくっています．

(2) 生物の分類

　生物は今から約40億年前に地球上に発生したとされます．その後，ごくわずかな遺伝子の変異を積み重ね，長い時間をかけて進化してきました．偶然にも異なる種が生まれ，それぞれの道筋で進化し，現在ではさまざまな生物が地球上に満ちあふれるようになりました．生物がたどって来たこのような進化の道筋をもとに，生物を分類していく方法を系統分類といいます．

1) 種とは何か

　リンネ*は，これまでばらばらに分類されていた生物名を整理し，世界で最初の生物の分類体系を提案しました．生物を分類する基本単位として種を確定し，これに属名と種小名をラテン語で記載する二名法の導入です．現在の(生物)種の学名はすべてこの形式に従ったもので，リンネによって初めて学名の形式が統一されたことになります．

　種とは互いに交配でき，ほかの集団とは生殖的に隔離された生物集団と定義されます．種が異なると，子孫を残すことができないか，あるいは，雑種が生まれてもその子を残すことができません．たとえば，ウマとロバから生まれた雑種である**ラバ***は，生殖能力がなく子孫を残すことができません．したがって，ウマとロバは別種となります．逆に，イヌには柴犬やブルドッグなどのように見かけ上かなり異なる品種が多数

▼カール・フォン・リンネ(Carl von Linne, 1707-78)
スウェーデンに生まれ，医学を学んだ後，ウプサラ大学に移り，1741年医学部教授，翌年植物園長となった．植物分類学の父といわれ，その名を多くの人々に広く知られている．

▼ラバ
メスのウマとオスのロバとの交雑種．北米，アジア(とくに中国)，メキシコに多い．性格はおだやか．育てやすく，体が丈夫で，粗食にも強く，労働用として飼育される．

表0.1　生物の分類体系(ヒトの例)

階級	ヒトの分類	
界(かい)	動物界	Animal Kingdom
門(もん)	脊索動物門	Phylum Chordata
	脊椎動物亜門	Subphylum Vertebrata
綱(こう)	哺乳綱	Class Mammalia
目(もく)	サル(霊長)目	Order Primate
	真猿亜目	Suborder Simiiformes
科(か)	ヒト上科(類人猿)	Superfamily Hominoidea
	ヒト科	Family Hominidae
属(ぞく)	ヒト属	*Homo*
種(しゅ)	ヒト	*sapiens*

ありますが，互いに交雑が可能で繁殖能力のある子孫をつくることができます．したがって，すべてイヌという単一の種とされます．つまり，「種」とは子孫を残すことができる同じような特徴をもった個体の集まりをいいます．

さらに，互いによく似た種を集めて「属」という階級がつくられ，同様に「科」「目」「綱」，さらに「門」「界」という順に階級が構成されます．ヒトを例にした場合には表 0.1 のとおりになります．二名法に従い，ヒトの学名は *Homo sapiens*（ホモサピエンス）です．

2) 生物の分類

リンネは一番上位の階級である界を動物界と植物界に分けましたが，1959 年に**ホイタッカー***は，地球上のすべての生物を大きく 5 つの界に分類しました（生物五界説）．これは，生物をまず細胞の構造から原核生物と真核生物に分け，さらに，真核生物内に多細胞生物の中で栄養摂取様式により区別される動物，植物，菌類を，残りを主に単細胞生物からなる原生生物とした分類方式です（図 0.2）．

▼ロバート・ハーディング・ホイタッカー (Robert Harding Whittaker, 1920-80)
アメリカに生まれ，ワッシュバーン市立大学を卒業後，イリノイ大学大学院で学位を取得する．コーネル大学教授を務めた．専門は植物生態学．

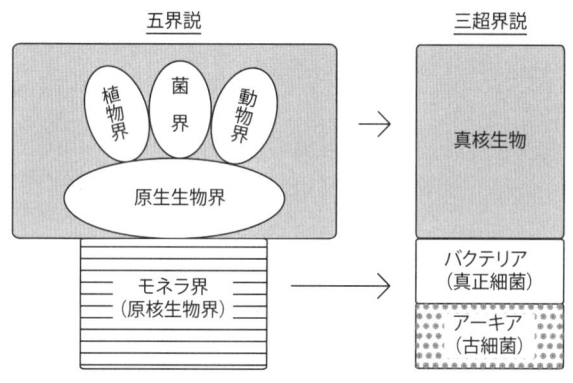

図 0.2 生物五界説から三超界説へ

地球上の最初の生物は原核生物でしたが，このうちのいくつかのなかまから真核生物への進化が起こったと考えられています．現在では，核酸の塩基配列やたんぱく質のアミノ酸配列の違いといった分子レベルでの違いを証拠として，生物の進化の過程をより詳細に推定することが可能となっています．

近年，リボソーム RNA の塩基配列に基づき，界よりも上位の階級として 3 つのドメイン（超界）を置く三超界説が使用されています（図 0.2）．この方法では，真核生物（動物，植物，菌類，原生生物）を 1 つのドメインとし，さらに，原核生物界を大腸菌やシアノバクテリア（ラン藻類）などが含まれる**バクテリア**（**真正細菌**，単に細菌ともいう）*と，メタン生成菌や高度好塩菌などが含まれる**アーキア**（**古細菌**）*の 2 つのドメインに分けています（図 0.3）．

▼バクテリア（真正細菌）
単に細菌ともいう．原核生物に属する単細胞の微生物．大きさは 0.1〜3.0μm で，球状，桿状，らせん状などの形をしている．ここでは，古細菌と区別するために真正細菌と呼ぶ．

▼古細菌
真核生物でも真正細菌でもない第 3 の生物群のこと．大きさは 1μm 程度で，球状，桿状，あるいは不定形の単細胞生物．原核生物であるにもかかわらず，生化学的性質は真正細菌よりも真核生物に近い．

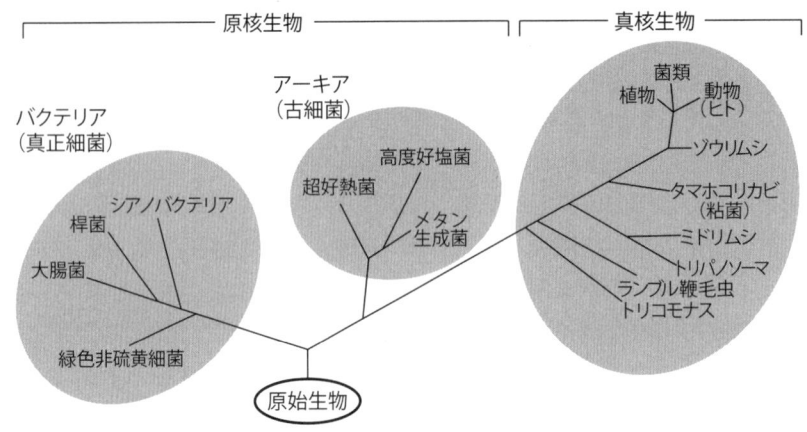

図0.3　3ドメイン分類による生物の系統樹

(3) ウイルスは生物か？

ウイルス（virus）は電子顕微鏡でしかみることのできない小さな粒子で，たんぱく質の殻（カプシドという）の中に遺伝子であるDNAかRNAをもっています．しかし，その遺伝情報だけでは増えることができず，ヒトなどの生きた細胞に感染して「子孫」をつくり増殖します．細胞を持たず，エネルギーをつくりだすしくみもないため，厳密には生物とはいえません．

ヒトの細胞（**宿主***）は，その種類によって表面の構造が違います．ウイルスはこの構造の違いから，自身が寄生する細胞を認識して吸着します．そして宿主細胞の中に侵入し，ウイルス自身の遺伝子（DNAあるいはRNA）を送り込みます．ウイルスの遺伝子は自己増殖（複製）をするとともに，宿主の遺伝子に潜り込みます．ウイルス遺伝子が潜り込んだことを知らない宿主細胞は，本来自分のたんぱく質をつくるはずの材料でウイルスのたんぱく質をつくり，さらに，このたんぱく質を基

▼宿主
寄生生物が寄生する相手の生物.

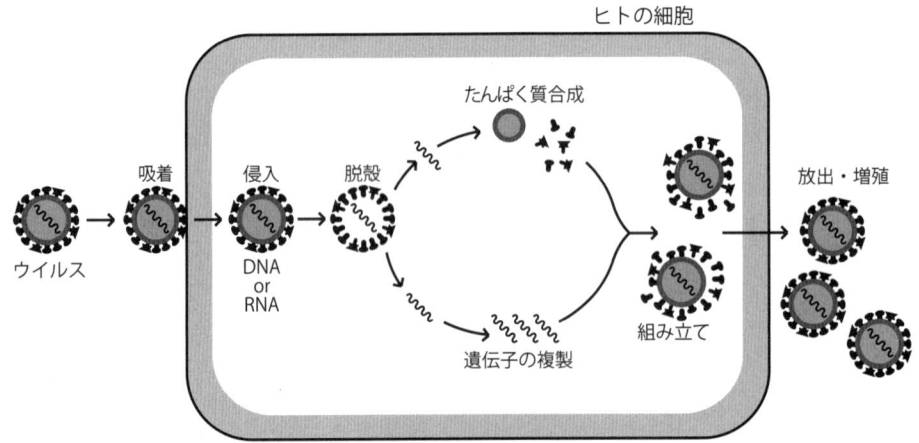

図0.4　ウイルスの増殖

にウイルスを大量につくりだしてしまいます．増殖に必要なほとんどの酵素やウイルス成分をつくるための素材は，宿主細胞から供給されるのです．細胞で大量につくられた新しいウイルスは外へと飛び出し，新たな細胞を見つけては感染を繰り返していきます（図 0.4）．

ウイルスは種類が多く，細菌，植物，動物など，大部分の生物がウイルスの宿主として存在します．DNA ウイルスには，アデノウイルス（いわゆる風邪の原因），天然痘ウイルス，ヘルペスウイルス，パピローマウイルス（子宮頸がんの原因ウイルス），B 型肝炎ウイルスなどがあり，RNA ウイルスにはインフルエンザウイルス，麻疹ウイルス，ポリオウイルス（小児麻痺の原因ウイルス），C 型肝炎ウイルス，エイズ（HIV）ウイルス*などがあります．ウイルスによって，病原性の強さはさまざまであり，パピローマウイルス*のようにがんの原因になるものなどもあります．

（4）生物体のつくり

1）原核生物と真核生物

原核生物は原核細胞から，**真核生物**は真核細胞からなります．原核細胞は，遺伝情報を担う DNA が核膜で隔離されることなく細胞全体に広がった構造をしています．それに対して，真核細胞は膜で囲まれた核をもっています（図 0.5）．

2）多細胞生物にみられる階層性（図 0.6）

大腸菌，アメーバ，ゾウリムシなどは，たった 1 個の細胞からできており，このような生物を**単細胞生物**といいます．このうち，大腸菌は原核生物ですが，アメーバ，ゾウリムシは真核生物です．それ以外の植物や動物，私たちの周りに存在するほとんどの生物は多数の真核細胞からできており，これを**多細胞生物**といいます．

ヒトはもちろん多細胞生物です．しかも，皮膚，骨，筋肉，心臓，肝臓，…など複雑な構造からなっており，多細胞ではあるものの，すべて

▼エイズウイルス
ヒト免疫不全ウイルス（HIV）．リンパ球に感染して増殖し，感染されたリンパ球を破壊する．その結果，免疫機能が低下し，日和見感染症などの症状が現れる．この状態を，後天性免疫不全症候群（AIDS）と呼ぶ．

▼パピローマウイルス
子宮頸がんの原因となるウイルス．DNA ウイルス．100 種類以上のタイプがあり，そのうち感染が持続することでがんへと進行していく可能性があるウイルスをハイリスクタイプ，感染部にイボをつくるウイルスをローリスクタイプと分類している．

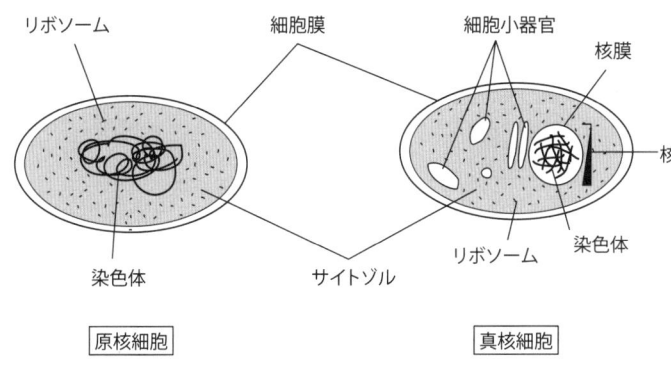

図 0.5　原核細胞と真核細胞

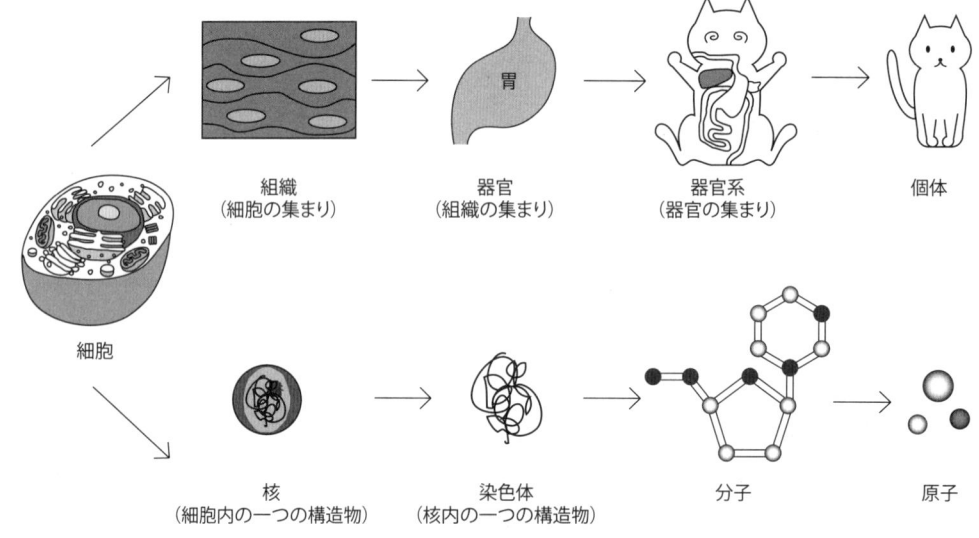

図0.6 生物の階層性

同じ細胞が集まったかたまりではありません．

つまり**細胞**は似たものどうしが集まり**組織**をつくり，組織は集まって1つのまとまりのある機能を行う**器官**をつくります．さらに，一連の働きをする**器官**のまとまりを**器官系**といい，複数の器官系が集まり，それぞれの働きをすることで1つの**個体**ができあがります（第2章「2．ヒトのからだの成り立ち」参照）．また，消化器系で吸収された栄養素を循環器系で運搬するなど，器官系は互いに連携しあいながらその機能を発揮しています．

3） 細胞から分子レベルへ

細胞を中心として，今度は逆に大きいものから小さいものをみていきましょう．細胞を電子顕微鏡で観察すると，その中には核，ミトコンドリア，リボソームなどのいくつかの構造がみられます．これらの構造物を細胞小器官といいます．このように，細胞の中にも，階層構造があることがわかります．たとえば，1つの細胞小器官である核をさらに観察すると，その中には染色体がみられます．染色体はDNAやたんぱく質という分子からなります．さらに，DNAやたんぱく質は，炭素，酸素，水素，窒素，リンといった原子からなります．

* * *

細胞を基本単位として示される階層構造をみてきましたが，このような階層構造を「生物の**ヒエラルキー***」と呼びます．生物としてのヒトを知るためには，原子・分子・細胞・組織・器官・個体という階層の各レベルにおける，各種の生命現象を理解していかなければなりません．

本書では，生物の中でも動物（ヒト）を中心として，細胞レベルでの生命現象について解説します．

▼ヒエラルキー
（hierarchy）
ピラミッド型の階層構造をいう．もともとは聖職者の支配構造を指している．
現代では，より単純な「下位の単位」が集まって複雑な「上位の単位」を作りあげているような構造に対して，広義に使われる．

第1章 生命の単位—細胞

1. 細胞とは

(1) 細胞の発見

1665年，イギリスの**フック***は，顕微鏡をはじめてつくり，それを用いてコルクを観察し，コルクが多数の小室が集まってできていることを発見しました．彼は，この小室に**細胞**（cell）と命名しました．その後，1838年にドイツの**シュライデン***が，1839年に，同じくドイツの**シュワン***が，それぞれ植物と動物の構造と機能の単位は細胞であるという細胞説を，1858年にはドイツの**フィルヒョウ***が「すべての細胞は細胞から」と唱えて，分裂が細胞増殖の方法であることを示しました．このように，19世紀半ばには，細胞がすべての生物の構造と機能の最小単位であるという考えが確立されました．

(2) 細胞の基本構造

ヒトのからだ（成人）は約60兆個の細胞からなっており，これら細胞の大きさ，かたち，内部構造はさまざまです．

1) 細胞の大きさ（図1.1）

細胞の大きさは，直径およそ20μm前後のものが多くみられます．赤血球は7μmと小さく，一方，卵は140μm，精子の頭部は10μmですが，50μmの鞭毛をもっており，細胞の中では巨大です．また，神経細胞では，細胞体は30〜50μmですが，神経線維の部分を入れると1mにも及ぶものもあります．

2) 細胞のかたち

ヒトの細胞の多くは，球状，扁平状，紡錘状のいずれかのかたちをとっています．中には，小腸上皮細胞のようにひだ状の突起をもつものや，神経細胞のように長い線維をもつもの，気管支の上皮細胞のように細かな毛をもつもの，あるいは精子のように遊泳のための長いべん毛をもつものなどもあります．

3) 細胞の内部（図1.2）

細胞は，その働きやかたちから約200種類にも分類できますが，生存に関わる基本的な部分は共通に保たれています．

細胞は，核とそれ以外の**細胞質**からなり，細胞質の一番外側にはリン脂質とたんぱく質でできた薄い膜（**細胞膜**）があります．細胞膜は，細

▼ロバート・フック（Robert Hooke, 1635-703）
イギリスの自然哲学者，建築家，博物学者．自作の顕微鏡を用いていろいろなものを観察し，その結果を1665年『ミクログラフィア』という本にしている．「コルクの切片」についての記載もある．

▼マティアス・ヤコブ・シュライデン（Matthias Jakob Schleiden, 1804-81）
ドイツの植物学者，生物学者．「植物体の構造と機能の単位は細胞である」とする細胞説を提唱．

▼テオドール・シュワン（Theodor Schwann, 1810-82）
ドイツの生理学者，医師．組織学，細胞学研究で知られる．「動物体の構造と機能の単位は細胞である」とする細胞説を提唱．

▼ルドルフ・フィルヒョウ（Rudolf Virchow, 1821-902）
ドイツ人の医師，病理学者，生物学者．改良した顕微鏡の観察から，分裂が細胞増殖の普遍的方法であることを示した．

8　第1章　生命の単位—細胞

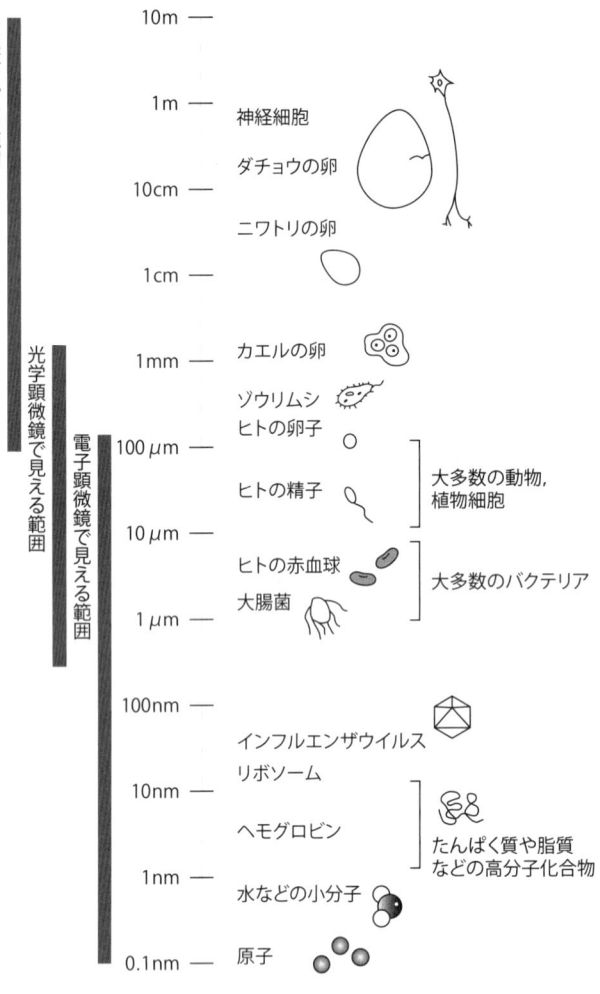

図1.1　細胞の形と大きさ

▼長さの単位
1 m＝100 cm, 1 cm＝10 mm, 1 mm＝1000 μm, 1 μm＝1000 nm.

▼動物細胞と植物細胞の違いは？
動物細胞と植物細胞はほぼ共通した構造をしているが，植物細胞には光合成を行う葉緑体や水分量調節などに役立つ液胞がみられる．細胞膜の外側にはセルロースに富んだ細胞壁があり，細胞を保護している．一方，中心体は動物に特徴的な構造物であり，植物細胞にはみられない．

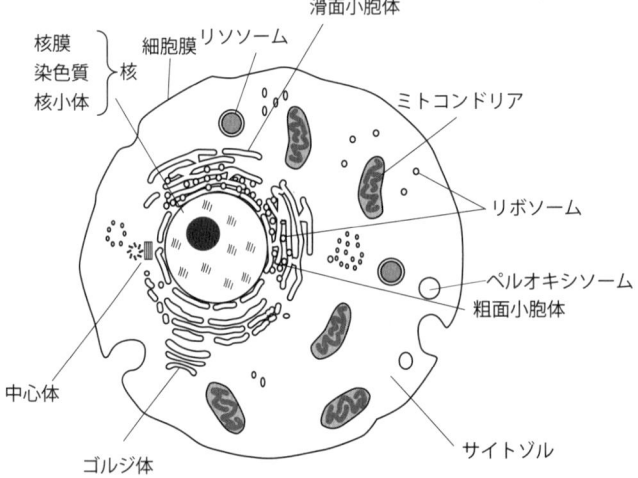

図1.2　真核細胞の内部構造

胞の内部と外部を分けています．細胞の内部には，ミトコンドリア，小胞体，リボソームなどの細胞小器官が存在します．さらに，細胞小器官を埋めている液体の部分を細胞質基質あるいはサイトゾル（cytosol）といいます．

(3) 細胞質の構造と働き

1) 細胞膜（図 1.3）

細胞を1つの入れ物とみなすと，入れ物の内側と外側を区切っているのが細胞膜です．また，細胞はこの膜を介して，外部との物質や情報のやり取りを行っています．外と内を「区切る」とともに，「物質の移動，情報の伝達」にも重要な役割を果たしているのです．

細胞膜は厚さ約 4 nm であり，その主成分は**リン脂質**＊です．リン脂質は水になじみやすい部分（親水基）と，水になじみにくい部分（疎水基）の2つの性質をあわせもった脂質です．細胞膜は，リン脂質が二重に敷き詰められた構造をしており，このような構造を脂質二重層と呼びます．このリン脂質は，親水基をお互い外側に，疎水基を内側に向けています．

リン脂質の二重層には，いろいろな種類のたんぱく質が多数結合しています．これらのたんぱく質は，細胞に必要あるいは不要な物質を識別し，必要に応じて物質を通過させ，細胞外部からの情報を内部に伝えるなど，きわめて大切な役目を担っています．

2) ミトコンドリア（図 1.4）

ミトコンドリアは細胞容量の 20～30％を占め，球形もしくは細長い円筒形の細胞内小器官です．好気呼吸を行うほとんどの真核細胞内に存在し，生体で用いるエネルギーを生産しています．外膜と内膜の二重膜

▼リン脂質
細胞膜を構成する代表的なリン脂質はホスファチジルコリンとホスファチジルエタノールアミン．グリセロールに脂肪酸 2 分子と，リン酸，塩基（コリンあるいはエタノールアミン）からなる．脂肪酸部分は疎水性であるが，それ以外の部分は親水性の性質をもつ．

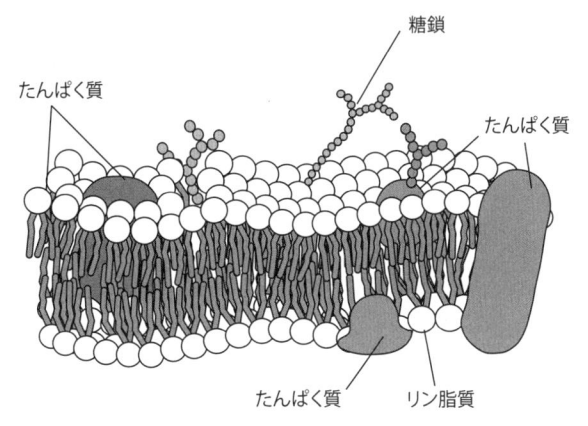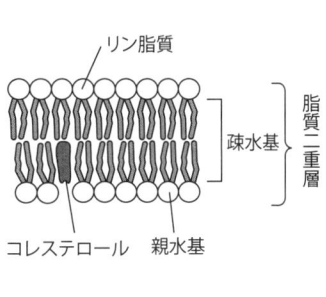

図 1.3　細胞膜の構造

構造をもち，ひだ状の内膜を**クリステ**，内膜に囲まれた領域を**マトリックス**，外膜と内膜のすきまを**膜間腔（膜間スペース）**と呼びます．

マトリックスにはクエン酸回路，β酸化，クリステには電子伝達系（呼吸鎖）があり，酸素を使った好気呼吸が行われ，**アデノシン三リン酸（ATP）**という形でエネルギーを産生します．

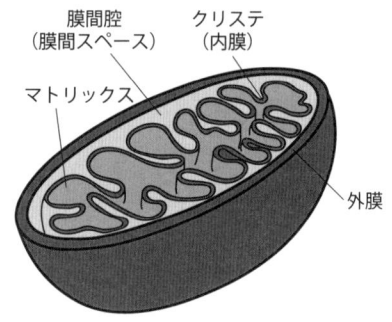

図1.4　ミトコンドリアの模式図

3）　小胞体（図1.5）

核膜の外膜と連続して続く迷路のような袋状構造で，核を取り囲むように存在しています．リボソームが多数付着した粗面小胞体と，付着していない滑面小胞体があります．粗面小胞体では，膜たんぱく質や分泌たんぱく質の合成と輸送を行っています．また，滑面小胞体では，脂質の合成が行われており，また，その輸送路ともなっています．

4）　リボソーム（図1.5）

たんぱく質と rRNA（リボソーム RNA）からなる大小2つの粒子からなる細胞内小器官です．細胞質内に散在している遊離リボソームと，小胞体に結合して存在する付着リボソームがあります．遊離リボソームでは，自らの細胞内で利用するたんぱく質が合成され，付着リボソームでは細胞膜を構成するたんぱく質や，細胞外へ分泌されるたんぱく質が合成されます．

5）　ゴルジ体（図1.5）

ゴルジ体* は数枚の扁平の袋が重なった構造で，小胞体の近くに存在しています．小胞体から送られてきたたんぱく質に糖を付加し，たんぱく質をより水になじみやすい状態にしてから必要な箇所に輸送します．

▼ゴルジ体
イタリアの内科医，カミッロ・ゴルジ（Camillo Golgi, 1843-926）によって発見された構造体．

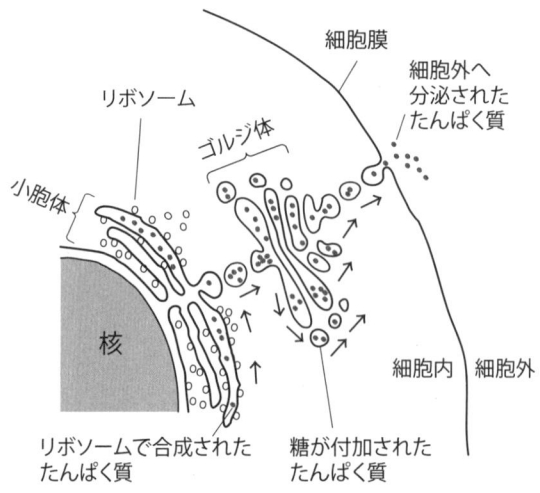

図1.5　リボソーム，小胞体，ゴルジ体の働き

また，小胞体でつくられた消化酵素などを，リソソームという袋状の小胞に分けて蓄える働きもあります．

6) リソソーム

小胞体からゴルジ体に送られた消化酵素は，一重の膜で包まれたまま，リソソームになります．細胞内で不要になった物質を分解したり，侵入してきた外敵を破壊したりします．

7) 中心体

動物細胞の核の近くに存在し，円筒状の2本の**中心小体***が，互いに直角に交差して配置され，その周囲に**中心体周辺物質***に覆われた構造をしています．細胞分裂時の紡錘体の形成に働き，染色体移動の起点としての役割を担っています．

8) ペルオキシソーム

すべての真核細胞がもつ細胞小器官で，一重の膜に覆われた袋状の構造をしています．ペルオキソーム内には種々の酸化酵素が含まれており，脂質の酸化やさまざまな物質代謝が行われます．

9) 細胞質基質（サイトゾル）

ミトコンドリア，小胞体，リボソームなどの細胞小器官を埋めている液性部分をいいます．単なるすきま部分ではなく，種々の代謝経路を構成する酵素が存在し，糖質の分解やアミノ酸，脂肪酸，核酸の合成などが行われています．

(4) 核の構造と働き

核は直径約 $10\,\mu m$ の細胞内最大の構造物で，遺伝情報をもっている DNA の保管場所です．次の3つの部分からなります．

核膜：核を包む二重の膜です．核膜には多数の小さな穴（核膜孔と呼ばれる）があり，細胞質に通じています．核膜孔は単なる穴ではなく，RNA などの大きな顆粒を選択的に通過させることが知られています．

染色体：細胞分裂中，塩基性の色素でよく染まる棒状の構造物が観察され，これを染色体と呼んでいます．染色体は，デオキシリボ核酸（DNA）と塩基性たんぱく質であるヒストンがほぼ1：1の割合で結合したものです．細胞分裂の行われていない核では，染色体は核全体に分散し，染色質という構造をとっています．

核小体（仁ともいう）：核内に存在する密度の高い構造物です．リボソーム RNA が合成され，リボソームの構築などが行われています．核小体は細胞が分裂の準備をはじめると消えてしまいますが，細胞分裂が終わるとまた形成されます．

(5) 物質の取り込みと排出

細胞膜は脂質二重層であり，その中心部が疎水性であるため，原則と

▼中心小体
3個の微小管が一束になった形のものが9本，円筒状に並んだ直径 $0.2\,\mu m$，長さ $0.5\,\mu m$ の細管．通常，2本が互いに直交する位置関係で核の近くに存在する．

▼中心体周辺物質
電子顕微鏡で"不明瞭な雲"のように見える高電子密度を示す領域．その実態は，コイルドコイル構造（2本の α ヘリックスが巻きついたもの）を多く含む高分子量のたんぱく質が構築する網状構造だと考えられている．

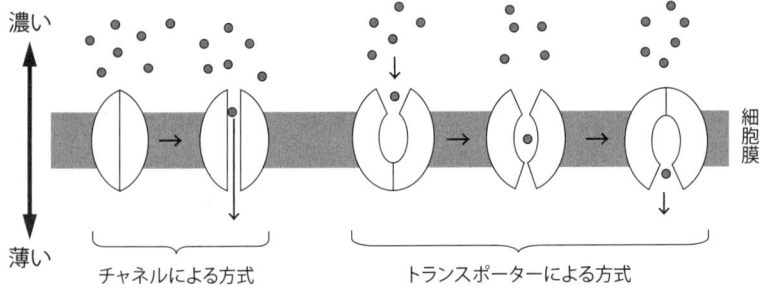

図 1.6 受動輸送のしくみ

して親水性分子やイオンを通すことはできません．しかし，細胞が生きるためには，自身にとって必要な物質を取り入れ，不要な物質を排出しなければなりません．細胞膜には物質の輸送にエネルギーを必要としない受動輸送と，エネルギーを必要とする能動輸送という2つの輸送方式が存在します．

1) 受動輸送（図 1.6）

水溶液中の分子やイオンは，濃度の高い方から低い方へと自然の流れを利用して，細胞膜を通過します．この移動を拡散といい，拡散を利用した細胞膜の物質輸送を受動輸送と呼びます．さらに受動輸送のうち，膜を貫通して存在する次の2種類の輸送体（たんぱく質）の助けを借りて拡散をする方式を**促進拡散**といいます．

①チャネルによる方式：チャネルたんぱく質（単にチャネルともいう）では，貫通した細い孔をもち，その孔の大きさに合う分子を自由に通します．その例として，イオンチャネルは，カルシウムやナトリウム，カリウムなどの特定のイオンのみを，**アクアポリン***は水のみを通します．

②トランスポーターによる方式：膜に埋め込まれたたんぱく質が，特定の大型の極性分子と結合し，反対側に物質を輸送する方式です．たとえば，細胞内に取り入れたい物質が細胞外で濃度が高い場合，膜に埋め込まれたたんぱく質が細胞外の方向に開くことで物質を取り込み，さらに，反対側が開口することで輸送・放出が行われます．拡散と比べると，低濃度では促進されますが，逆に，高濃度ではトランスポーター数に依存してしまうので，むしろ輸送速度が制限されてしまいます．

2) 能動輸送（図 1.7）

濃度勾配に逆行（濃度の薄い方から濃い方への移動）した輸送方法です．たんぱく質である輸送体を必要とし，エネルギー（ATP）を用いて細胞内へ，積極的に栄養素を取り込む方式をいいます．受動輸送に比べて吸収速度が速く，濃度の低い方から高い方への移動が可能です．

能動輸送のうち，ナトリウム-カリウム ATP アーゼのように，**イオンポンプ***と呼ばれる膜に存在するたんぱく質がその機能を担う例があ

▼アクアポリン
300 前後のアミノ酸から成る比較的小さな膜たんぱく質．イオンや他の物質は通過させず，水分子のみを選択的に通過させることができる．そのため，細胞への水の取り込みに関係している．水輸送が豊富な臓器には多数のアクアポリンが存在する．

▼イオンポンプ
ATP のエネルギーを利用して，特定のイオンを能動輸送するたんぱく質．このイオンポンプを用いれば，ナトリウムイオンが高濃度である細胞外へ，さらにナトリウムイオンをくみ出すことも可能となる．このように，細胞膜の内側と外側のイオン濃度の違いがどういう条件であろうと，一方向のイオン輸送を担う．

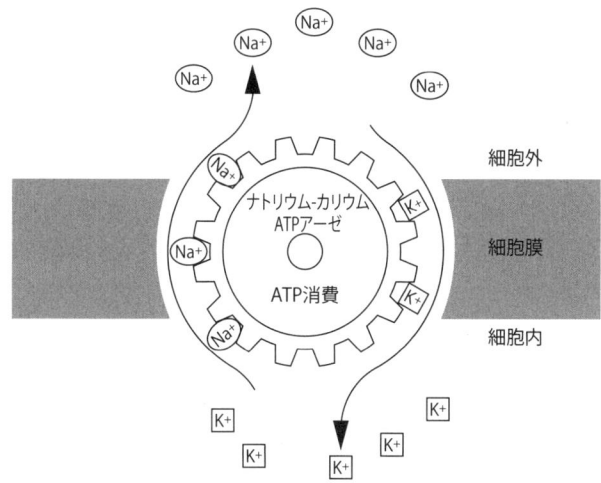

図1.7　イオンポンプ（ナトリウム-カリウムATPアーゼ）のイメージ図

ります．通常，細胞外にはナトリウムイオンが，細胞内にはカリウムイオンがそれぞれ多く分布していますが，これは，ナトリウム-カリウムATPアーゼがナトリウムイオンを細胞外へ，そして，カリウムイオンを細胞内へエネルギーを利用しながら輸送しているからです．このエネルギーは，ATPを加水分解することによって得ており，このように，能動輸送はエネルギー代謝と密接に関係しています．

(6) 細胞分画法

核やミトコンドリアなどの細胞小器官を細胞から壊さずに取り出す方法を細胞分画法といいます．これは，細胞小器官や細胞膜がそれぞれ大きさや比重が違うことを利用し，遠心分離する方法です．この手法を使えば，それぞれの細胞小器官の働きについてもっとくわしく調べることが可能となります（図1.8）．

次の手順で行います．

①肝臓などの組織切片を，等張のスクロース溶液中ですりつぶし，その液（ホモジネート）を $1{,}000 \times g^*$ で10分間遠心分離します．そこで得られる沈殿物が核を多く含む画分となります．

②この上清を $8{,}000 \sim 10{,}000 \times g$ で20分間遠心分離します．そこで得られる沈殿物がミトコンドリアを多く含む画分です．

③この上清を $100{,}000 \times g$ で60分間遠心分離します．ここで得られる沈殿物がゴルジ体，小胞体，細胞膜などを多く含むミクロソーム画分です．この時の上清がサイトゾルとなります．

各段階の作業は低温で行いますが，これは，細胞を壊したときに細胞内から出てくる分解酵素の働きを抑えて，試料の変化を防ぐためです．また，大きくて比重の重い構造体ほど弱い遠心力で沈殿します．したが

▼ g（ジー）
重力の大きさを基準にした遠心力の強さを表す．たとえば $1{,}000\,g$ なら重力の1,000倍の強さを意味する．

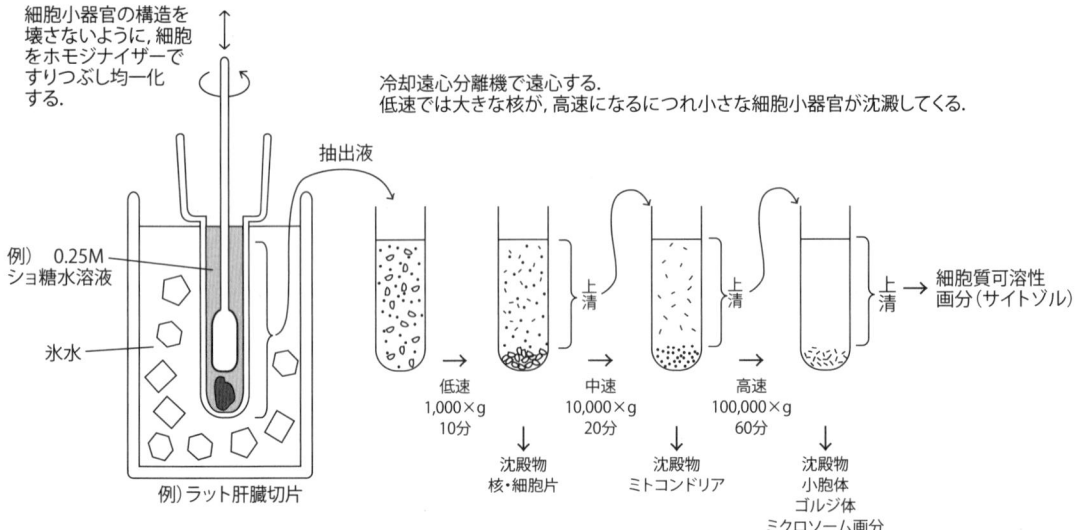

図1.8 遠心分離による細胞分画法

って，沈殿する順序は，核→ミトコンドリア→小胞体やゴルジ体などの順となります．

2. 細胞を構成している物質

細胞は水をはじめ，たんぱく質，脂質，糖質，核酸などの成分からつくられています．ここでは，水，たんぱく質，脂質，糖質について，その1つ1つの成分の特長について説明します．核酸は第3章で詳しく説明をします．

(1) 水

細胞中に最も多く含まれる物質は水であり，細胞重量の70〜90%を占めています．水は生物にとって絶対不可欠な構成成分であり，水が1滴も供給されないと2〜3日で生命維持は困難となります．また，熱中症などによる脱水で死に至ることもあります．このように，水なしでは，細胞は機能を果たすことができません．

細胞内では，さまざまな物質が化学反応によって代謝されています．これらすべての化学反応は，物質が水に溶けた（あるいはなじんだ）状態で進行します．栄養素が分解されエネルギーが取り出され，他の物質に変えられる際にも水が必要になります．また，体内の水には，ナトリウムイオンやカリウムイオン，塩素イオンなど，数種の電解質が溶け込んでいます．これら電解質は，細胞の浸透圧や形態の維持に役立っています．水は最も**比熱***の大きい物質であり，温まりにくく，冷めにくい性質をもちます．そのため，温度変化が少ないことから，体温を一定に

▼比熱
物質1gの温度を1℃上昇させるに必要なエネルギー量のこと．比熱は大きくなるほど，温まりにくく，冷めにくい性質をもつ．

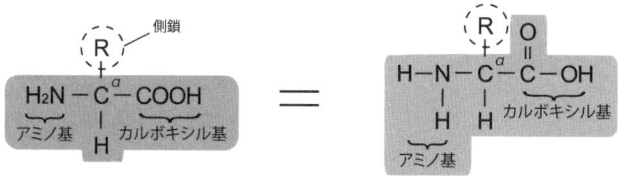

図 1.9　アミノ酸の構造

保つのにも役立っています．

(2) たんぱく質

たんぱく質は多数のアミノ酸がつながった**ポリペプチド***であり，小さなたんぱく質でも 100 個以上，大きいものでは 5000 個以上のアミノ酸がつながってできています．たんぱく質は皮膚や骨などの構造体となったり，筋肉をつくったり，代謝に関わる酵素であったり，血液の中での物質の輸送体であったりと，生物の機能のほとんどを担っています．

1) たんぱく質を構成するアミノ酸

たんぱく質を構成するアミノ酸は 20 個であり，うち，9 個はヒト体内で合成することができないため，必須アミノ酸と呼ばれ，食事から供給されなければなりません．アミノ酸は，図 1.9 に示したとおり，炭素を中心に，アミノ基（-NH$_2$），カルボキシ基（-COOH），水素（-H）が結合した基本構造をとります．さらに，炭素の残りの手に結合する化学基（R 部分）は，アミノ酸の種類によって異なります．水素（-H）ならグリシン，メチル基（-CH$_3$）ならアラニン，-CH$_2$-OH ならセリン，…となります（図 1.10）．

たんぱく質を構成するアミノ酸は，カルボキシ基が結合した炭素（α-炭素という）にアミノ基が結合した形をしており，このようなアミノ酸を α-アミノ酸といいます．また，α-炭素に結合した 4 つの化学基がすべて異なる場合，この α-炭素を不斉炭素原子といい，この不斉炭素をもつアミノ酸の場合，**L 型**と **D 型***の 2 種類の立体異性体が存在します（p.17 の図 1.12 参照）．自然界に存在するたんぱく質に含まれるアミノ酸は，L 型の α-アミノ酸であるため，L-α-アミノ酸と呼ばれます．ただし，たんぱく質を構成するアミノ酸のうち，最も単純な構造をしているグリシンは，4 つの化学基のうち 2 つが水素であるため α-炭素は不斉炭素ではありません（4 つの化学基のうち，2 つが共通）．そのため，グリシンだけは L 型，D 型といった立体異性体は存在しません．

2) たんぱく質の一次構造

アミノ酸どうしの連結をペプチド結合といいます．ペプチド結合は，1 つのアミノ酸のカルボキシ基ともう 1 つのアミノ酸のアミノ基が脱水縮合（水がとれて結合する）してできます．アミノ酸の並び順はたんぱく質の種類によって決まっており，このアミノ酸の配列をたんぱく質の

▼ポリペプチド
アミノ酸が 2 つつながったものをジペプチド，3 つつながったものをトリペプチドという．また，2 個以上 10 個未満のものを総称してオリゴペプチド，10 個以上つながったものをポリペプチドという．

分類			構造式	和名（網かけは必須アミノ酸）	略号		ヒト栄養上
中性アミノ酸	脂肪族アミノ酸		H–CH–COOH　NH₂	グリシン	Gly	G	非必須
			CH₃–CH–COOH　NH₂	アラニン	Ala	A	非必須
		分岐鎖アミノ酸	(CH₃)₂CH–CH–COOH　NH₂	バリン	Val	V	必須
			(CH₃)₂CH–CH₂–CH–COOH　NH₂	ロイシン	Lau	L	必須
			CH₃-CH₂(CH₃)CH–CH–COOH　NH₂	イソロイシン	Ile	I	必須
		オキシアミノ酸	HO–CH₂–CH–COOH　NH₂	セリン	Ser	S	非必須
			CH₃–CH(OH)–CH–COOH　NH₂	トレオニン	Thr	T	必須
		含硫アミノ酸	HS–CH₂–CH–COOH　NH₂	システイン	CySH	C	準必須
			CH₃–S–CH₂–CH₂–CH–COOH　NH₂	メチオニン	Met	M	必須
	芳香族アミノ酸		C₆H₅–CH₂–CH–COOH　NH₂	フェニルアラニン	Phe	F	必須
			HO–C₆H₄–CH₂–CH–COOH　NH₂	チロシン	Tyr	Y	準必須
			(インドール)–CH₂–CH–COOH　NH₂	トリプトファン	Trp	W	必須
酸性アミノ酸			HOOC–CH₂–CH–COOH　NH₂	アスパラギン酸	Asp	D	非必須
			HOOC–CH₂–CH₂–CH–COOH　NH₂	グルタミン酸	Gln	E	非必須
酸アミドアミノ酸			H₂NOC–CH₂–CH–COOH　NH₂	アスパラギン	Asn	N	非必須
			H₂NOC–CH₂–CH₂–CH–COOH　NH₂	グルタミン	Gln	Q	非必須
塩基性アミノ酸			NH₂–(NH₂)₄–CH–COOH　NH₂	リシン	Lys	K	必須
			NH₂(NH)C–NH–(CH₂)₃–CH–COOH　NH₂	アルギニン	Arg	R	準必須
			(イミダゾール)–CH₂–CH–COOH　NH₂	ヒスチジン	His	H	必須
イミノ酸			プロリン環構造	プロリン	Pro	P	非必須

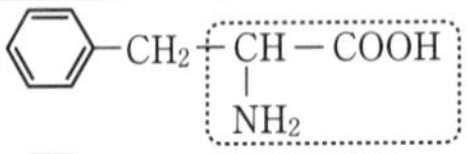

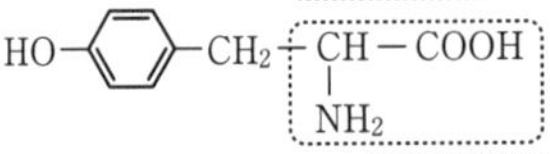

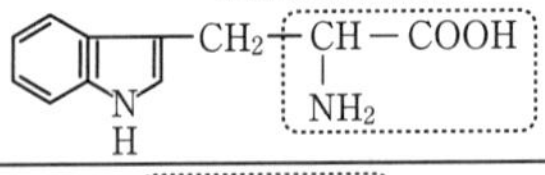

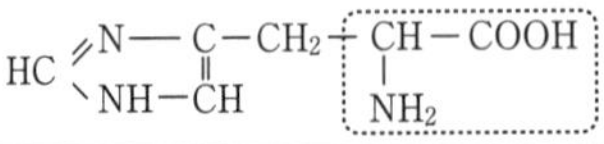

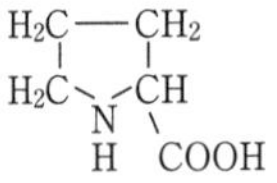

図1.10　たんぱく質を構成するアミノ酸

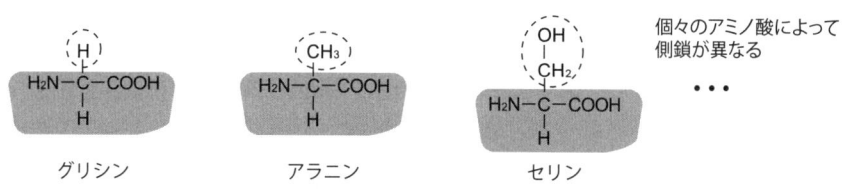

図1.11 アミノ酸の種類と側鎖

一次構造といいます（図1.13）．

ペプチド結合でつくられたポリペプチドは長い鎖状となり，これを主鎖と呼びます．長い鎖には，ひとつひとつのアミノ酸の特徴を表すR部分がとび出た構造をしており，このとび出た部分を側鎖といいます．

3) たんぱく質の高次構造（図1.14）

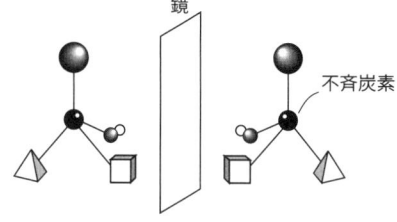

図1.12 D型とL型
D型とL型は互いを鏡に映した構造となっているが，決して重ならない．

実際のたんぱく質は一次構造だけではなく，ポリペプチド鎖が折れ曲がったり，たたまれたり，さらには，いくつかのポリペプチド鎖が組み合わさったりすることで，より複雑な立体構造をとっています．

①二次構造：ポリペプチドの折れ曲がり構造の中には，ところどころにみられる2つのパターンがみられます．らせん状に巻いた α-ヘリックス構造とプリーツシート状の β-シート構造です．ポリペプチドの主鎖間でできる**水素結合***（ペプチド結合をつくっている一方のカルボキシ基と，もう一方のアミノ基との結合）によってつくられた構造です．

②三次構造：二次構造がさらに折りたたまれた構造をいいます．ポリペプチドの側鎖間同士でできる結合（水素結合，**ジスルフィド結合***（S-S 結合），**イオン結合***，**疎水結合***など）によってつくられた構造です．

③四次構造：すべてのたんぱく質は1本のポリペプチド鎖のみから成り立っているわけではなく，中にはポリペプチド鎖が複数個より合わさった構造をもつものもあります．このポリペプチド鎖1つ1つをサブユニットといいます．サブユニットの数により，二量体（ダイマー），三量体（トリマー），四量体（テトラマー）と呼びます．コラーゲンは三量体，**ヘモグロビン***は四量体です．

以上，たんぱく質の二次構造，三次構造と四次構造をまとめて，高次構造といいます．意外なことに，たんぱく質の機能を決めるうえで，実は高次構造が重要な働きをしています．たとえば，牛海綿状脳症（BSE）の原因となるプリオンたんぱく質は，正常なプリオンたんぱく質と比べて，アミノ酸配列に何ら違いはないが，立体構造（三次，四次構造）が違うことが知られています．

▼水素結合
OH基やNH基の水素原子が，他のOH基やNH基，C=O基の酸素原子や窒素原子などとの間に形成する弱い非共有化学結合．

▼ジスルフィド結合
S-S 結合とも呼ばれ，システインの側鎖に存在するSH基同士の共有結合をいう．
-SH＋HS- → -S-S-
共有結合なので強い結合である．

▼イオン結合
正の電荷をもつ陽イオンと負の電荷を持つ陰イオンの間の引きつけ合いによる化学結合．

▼疎水結合
水などの極性溶媒中で，たんぱく質分子中の非極性（疎水性）側鎖が，水分子との接触を避けて同一分子内で凝集するような状態．たんぱく質の立体構造の形成や相互作用に重要な働きをもつが，弱い結合である．

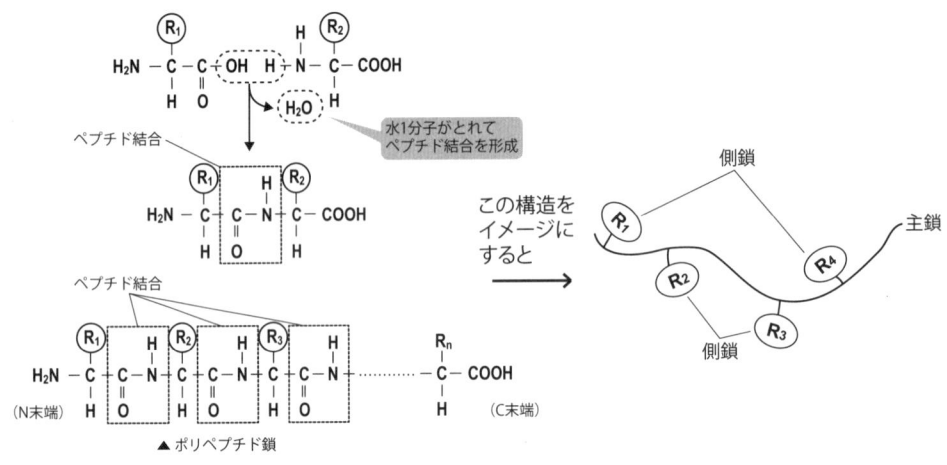

図1.13 たんぱく質の一次構造

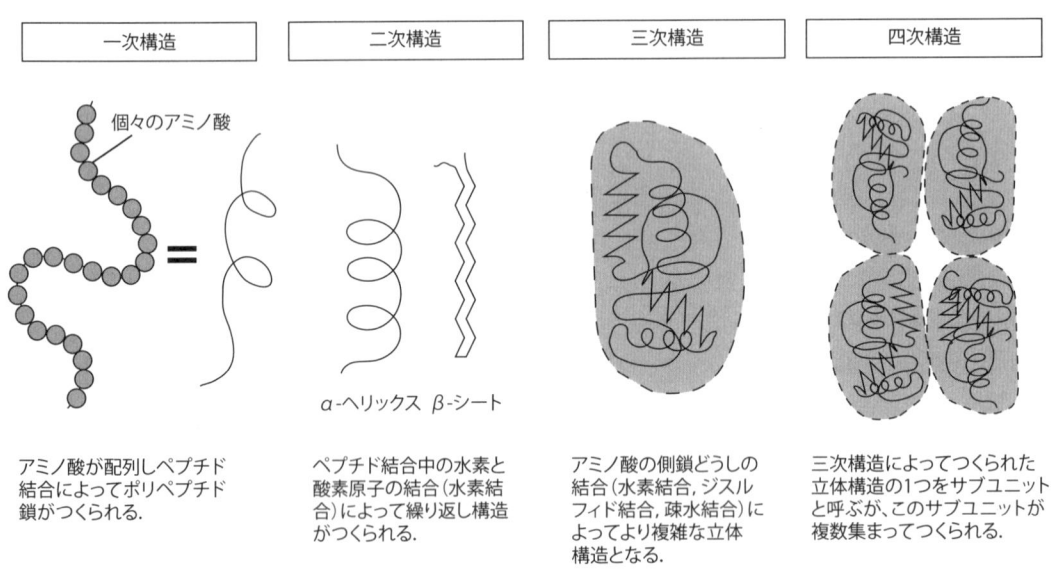

図1.14 たんぱく質の高次構造

4) たんぱく質の変性

加熱, 凍結, 酸, アルカリ, 高圧, 超音波, 紫外線, 有機溶媒, 界面活性剤, 変性剤処理などによって, たんぱく質は二次から四次までの高次構造が破壊され特徴的な折りたたみ構造を失います. ただし, 一次構造をつくっているペプチド結合は失われていません. また, 三次構造であるジスルフィド結合（S-S結合）も破壊されません. このように, たんぱく質の高次構造がくずれ, 全体にランダムな構造が増加し, ペプチド鎖の緩んだ状態を「変性」といいます.

私たちの身近にある「変性」の例をみてみましょう（図1.15）. 通常「変性」によって, たんぱく質は機能を失いますが, 中には, 変性によ

▼ヘモグロビン
ヒトのヘモグロビンは, 4本のグロビン鎖（サブユニット）が結合してできている. うち2本のグロビン鎖は α 鎖と呼ばれ, 残りの2本は β 鎖と呼ばれ, それぞれ鉄を含むヘム（色素）を有する.

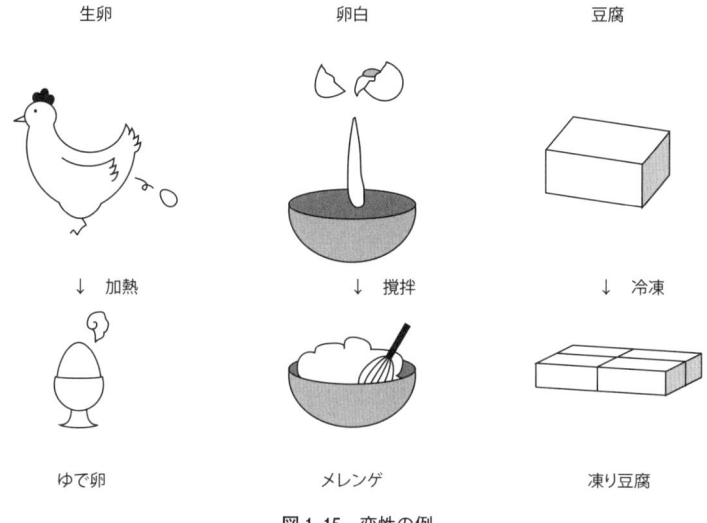

図1.15 変性の例

って機能を発揮するものもあります．また，元の形に戻る変性（可逆的変性）と元の形には二度と戻らない変性（不可逆的変性）の両方があります．変性によって機能を失ったたんぱく質が元の形に戻り，再び機能を回復することを「再生」といいます．

近年，有用たんぱく質の生産などの観点から，たんぱく質の再生技術に注目が集まっています．ペプチド鎖をいったん完全にほどき，数時間かけてゆっくりと折りたたむよう条件を細かく調整・変化させることで行われています．

(3) 脂質

水に溶けず，ベンゼン，クロロホルム，エーテル等のような有機溶媒に溶ける物質の総称を脂質といいます．ヒト体内に含まれる代表的な脂質としては，中性脂肪，コレステロール，リン脂質等です．中性脂肪はエネルギー源として，コレステロールやリン脂質は生体膜成分として重要な働きを担っています．

1) 中性脂肪（図1.16）

中性脂肪は**グリセロール**（アルコール）に脂肪酸がエステル結合したものです．一般に脂肪と呼びます．グリセロールの3つの炭素すべてに脂肪酸が結合したものをトリアシルグリセロール，うち2つの脂肪酸が

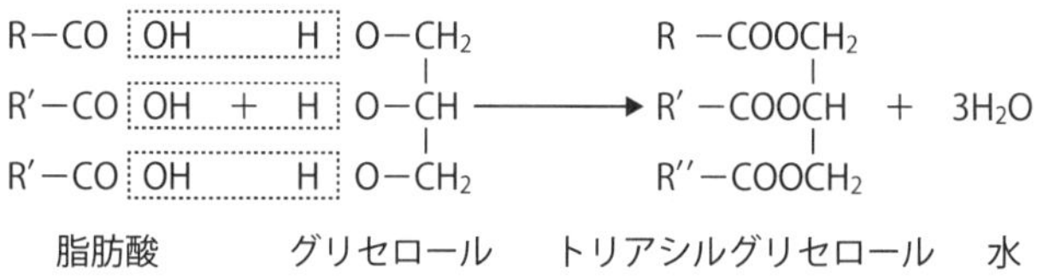

$$
\begin{array}{l}
\text{R--CO}\,\boxed{\text{OH}\quad\text{H}}\,\text{O--CH}_2 \\
\text{R}'\text{--CO}\,\boxed{\text{OH}\;+\;\text{H}}\,\text{O--CH} \longrightarrow \\
\text{R}''\text{--CO}\,\boxed{\text{OH}\quad\text{H}}\,\text{O--CH}_2
\end{array}
\quad
\begin{array}{l}
\text{R --COOCH}_2 \\
\text{R}'\text{--COOCH} \;+\; 3\text{H}_2\text{O} \\
\text{R}''\text{--COOCH}_2
\end{array}
$$

脂肪酸　　　グリセロール　　トリアシルグリセロール　　水

図1.16 トリアシルグリセロールの合成

結合したものをジアシルグリセロール，1つの脂肪酸が結合したものをモノアシルグリセロールといいます．トリアシルグリセロールは，体脂肪を構成している脂肪細胞中に多量に蓄積され，貯蔵エネルギー源としての働きを持っています．

2) コレステロール（図1.17）

コレステロールは炭素数27の**ステロイド**＊の一種であり，「動物」に見出されるステロールです．コレステロールの炭素3位に脂肪酸がエステル結合したものをコレステロールエステル（エステル型）といい，それに対して，脂肪酸がついていないものをコレステロールフリー（遊離型）と呼びます．細胞膜を構成している成分であり，またステロイドホルモンや胆汁酸の原料ともなります．

▼ステロイド
ステロイド骨格をもつ物質をステロイド化合物と総称する．

▼「植物」に見出されるステロールは？
植物に見出されるステロールには，シトステロール，スティグマステロール，カンペステロールなどがあり，これらのステロールを総称して植物ステロールと呼ぶ．コレステロールとは構造的に異なり，ヒトの体内で利用することはできない．

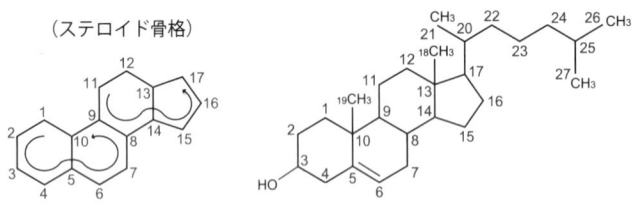

図1.17 ステロイドの基本構造とコレステロールの構造

3) リン脂質（図1.18）

リン脂質はリン酸を含む複合脂質であり，グリセロリン脂質とスフィンゴリン脂質に大別されます．ヒト体内ではコレステロールとともに，生体膜や神経細胞の構成成分となっています．リン脂質は本来水とはなじまない性質（疎水性）ですが，その構造体の一部に親水性（水となじむ性質）の部分を有しているのが特徴です．グリセロリン脂質は，グリセロールに脂肪酸が2分子結合し，残り1つの炭素にリン酸，水溶性の塩基（親水性部）が結合しています．主なものに，ホスファチジルコリン，ホスファチジルエタノールアミン等があります．スフィンゴリン脂質は，グリセロリン脂質のジアシルグリセロールに相当する部分が，セラミド（スフィンゴシン＋脂肪酸）で置き換えられた構造をしており，

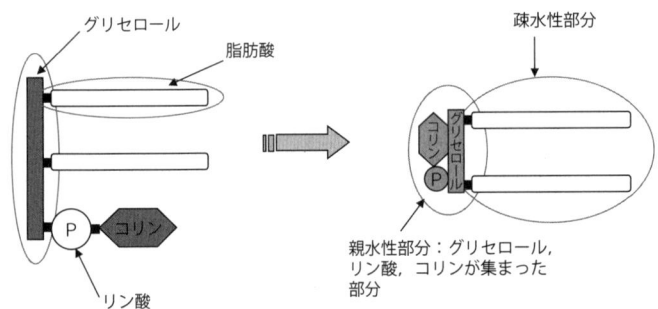

図1.18 リン脂質（レシチン）の構造

例）パルミチン酸（$C_{16:0}$）

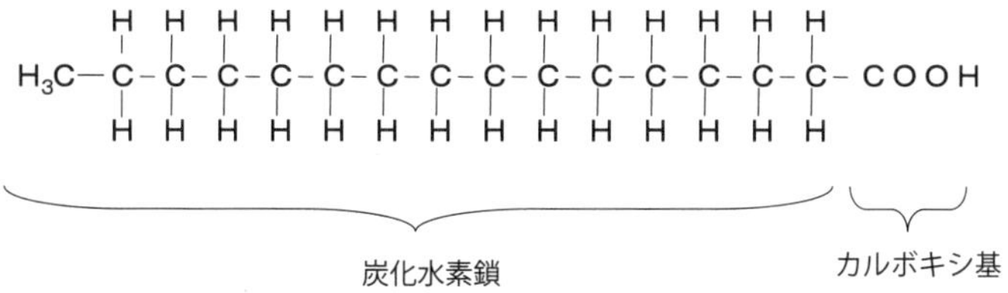

$$H_3C-\underset{H}{\overset{H}{C}}-\underset{H}{\overset{H}{C}}-\underset{H}{\overset{H}{C}}-\underset{H}{\overset{H}{C}}-\underset{H}{\overset{H}{C}}-\underset{H}{\overset{H}{C}}-\underset{H}{\overset{H}{C}}-\underset{H}{\overset{H}{C}}-\underset{H}{\overset{H}{C}}-\underset{H}{\overset{H}{C}}-\underset{H}{\overset{H}{C}}-\underset{H}{\overset{H}{C}}-\underset{H}{\overset{H}{C}}-\underset{H}{\overset{H}{C}}-\underset{H}{\overset{H}{C}}-COOH$$

　　　　　　　　　　　炭化水素鎖　　　　　　　　　　　　カルボキシ基

図 1.19　飽和脂肪酸の構造

例）リノール酸（$C_{18:2}n-6$）

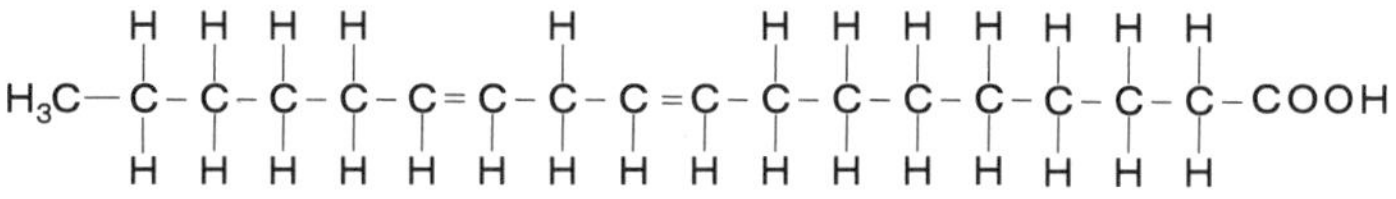

$$H_3C-\overset{H}{\underset{H}{C}}-\overset{H}{\underset{H}{C}}-\overset{H}{\underset{H}{C}}-\overset{H}{\underset{H}{C}}-\overset{H}{C}=\overset{H}{C}-\overset{H}{\underset{H}{C}}-\overset{H}{C}=\overset{H}{C}-\overset{H}{\underset{H}{C}}-\overset{H}{\underset{H}{C}}-\overset{H}{\underset{H}{C}}-\overset{H}{\underset{H}{C}}-\overset{H}{\underset{H}{C}}-\overset{H}{\underset{H}{C}}-\overset{H}{\underset{H}{C}}-COOH$$

例）α-リノレン酸（$C_{18:3}n-3$）

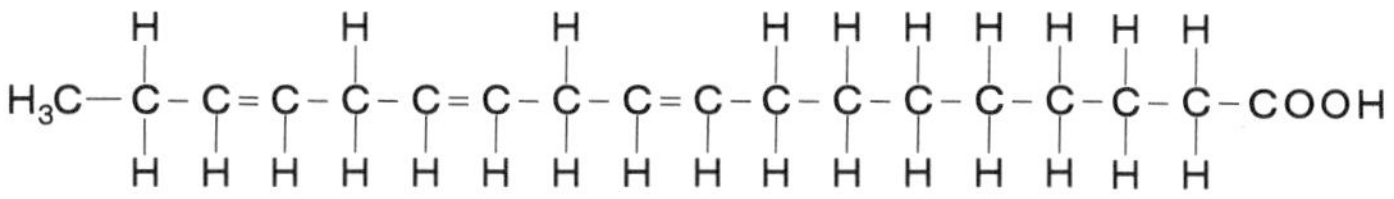

$$H_3C-\overset{H}{\underset{H}{C}}-\overset{H}{C}=\overset{H}{C}-\overset{H}{\underset{H}{C}}-\overset{H}{C}=\overset{H}{C}-\overset{H}{\underset{H}{C}}-\overset{H}{C}=\overset{H}{C}-\overset{H}{\underset{H}{C}}-\overset{H}{\underset{H}{C}}-\overset{H}{\underset{H}{C}}-\overset{H}{\underset{H}{C}}-\overset{H}{\underset{H}{C}}-\overset{H}{\underset{H}{C}}-COOH$$

図 1.20　多価不飽和脂肪酸の構造

代表的なものにスフィンゴミエリンがあります．

　4）脂肪酸（図 1.19，1.20）

　脂肪酸分子は 1 本の炭素骨格の端に，カルボキシ基（-COOH）が 1 個ついた単純な構造をしたものです．体内の脂肪酸のほとんどは，中性脂肪，コレステロール，リン脂質などの脂肪酸エステルとして存在しています．脂肪酸中の炭素鎖が水素で飽和されているものを飽和脂肪酸といい，脂肪酸の分子内に二重結合（-CH=CH-）を含むものを不飽和脂肪酸といいます．炭素の数，二重結合の有無，二重結合の位置によって，数多くの脂肪酸が存在しますが，その多くは炭素数が偶数個のものとなっています．体内ではエネルギー源としてのはたらきのほか，**エイコサノイド**＊と呼ばれる生理活性物質の合成材料ともなっています（表 1.1）．

(4) 糖質

　糖質は，植物が太陽エネルギーを利用し，光合成により合成した有機物です．動物は糖質を体内に取り込み，エネルギー源として利用します．

　1）単糖類（図 1.21）

　これ以上加水分解されない最小単位の糖質をいいます．構造的には，

▼エイコサノイド（イコサノイド）
プロスタグランジン（PG），プロスタサイクリン（PGI），トロンボキサン（TXA），ロイコトリエン（LT）などの生理活性物質の総称．細胞膜リン脂質に存在する炭素数 20 のアラキドン酸（n-6 系）や EPA（n-3 系）がホスフォリパーゼ A_2 によって遊離し，代謝されることで生成する．

表1.1 脂肪酸の種類

脂肪酸の分類				脂肪酸名	炭素数	二重結合数	構造（二重結合はシス型）	融点（℃）
鎖長による分類	短鎖脂肪酸（炭素数6以下）			酪酸	4	0	$CH_3(CH_2)_2COOH$	-5.5
				ヘキサン酸（カプロン酸）	6	0	$CH_3(CH_2)_4COOH$	1.5
	中鎖脂肪酸（炭素数8〜10）			オクタン酸（カプリル酸）	8	0	$CH_3(CH_2)_6COOH$	16.5
				デカン酸（カプリン酸）	10	0	$CH_3(CH_2)_8COOH$	31.4
	長鎖脂肪酸（炭素数12以上）	飽和度による分類	飽和脂肪酸(S)（二重結合なし）	ラウリン酸	12	0	$CH_3(CH_2)_{10}COOH$	43.5
				ミリスチン酸	14	0	$CH_3(CH_2)_{12}COOH$	53.8および57.5〜58
				パルミチン酸	16	0	$CH_3(CH_2)_{14}COOH$	63.0
				ステアリン酸	18	0	$CH_3(CH_2)_{16}COOH$	70.1
				アラキジン酸	20	0	$CH_3(CH_2)_{18}COOH$	77.5
				ベヘン酸	22	0	$CH_3(CH_2)_{20}COOH$	83.0
				リグノセリン酸	24	0	$CH_3(CH_2)_{22}COOH$	84.2
			一価不飽和脂肪酸(M)（二重結合1個）	パルミトレイン酸	16	1	$CH_3(CH_2)_5CH=CH(CH_2)_7COOH$	-0.5〜0.5
				オレイン酸	18	1	$CH_3(CH_2)_7CH=CH(CH_2)_7COOH$	14
			多価不飽和脂肪酸(P)（二重結合2個以上） 二重結合の位置による分類 n-6系	リノール酸	18	2	$CH_3(CH_2)_4(CH=CHCH_2)_2(CH_2)_6COOH$	-9
				γ-リノレン酸	18	3	$CH_3(CH_2)_4(CH=CHCH_2)_3(CH_2)_3COOH$	-11
				アラキドン酸	20	4	$CH_3(CH_2)_4(CH=CHCH_2)_4(CH_2)_2COOH$	
			n-3系	α-リノレン酸	18	3	$CH_3CH_2(CH=CHCH_2)_3(CH_2)_6COOH$	-11
				EPA（エイコサペンタエン酸）	20	5	$CH_3CH_2(CH=CHCH_2)_5(CH_2)_2COOH$	
				DHA（ドコサヘキサエン酸）	22	6	$CH_3CH_2(CH=CHCH_2)_6CH_2COOH$	

カルボニル基（アルデヒド基あるいはケトン基）を含む多価アルコール（−OHを2個以上含む）です．グルコース（ブドウ糖），フルクトース（果糖），ガラクトースは炭素6個からなる六炭糖（ヘキソース）であり，これらは，でんぷんやグリコーゲン等の多糖類，スクロース（ショ糖）やラクトース（乳糖）等の少糖類の構成糖となります．また，リボース，デオキシリボースは炭素5個からなる五炭糖（ペントース）であり，これらは，核酸（DNA，RNA）の成分として機能しています．

単糖類の構造中には不斉炭素が含まれるため，D型とL型の2種の立体異性体が存在します．しかし，アミノ酸とは異なり，自然界に存在する単糖類のほとんどはD型です．さらに，

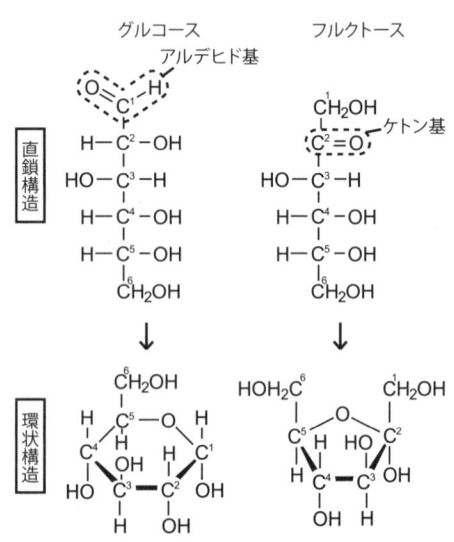

図1.21 グルコースとフルクトースの構造

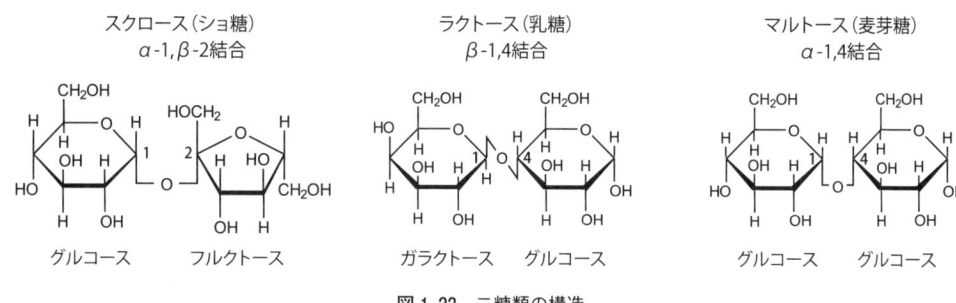

図1.22 二糖類の構造

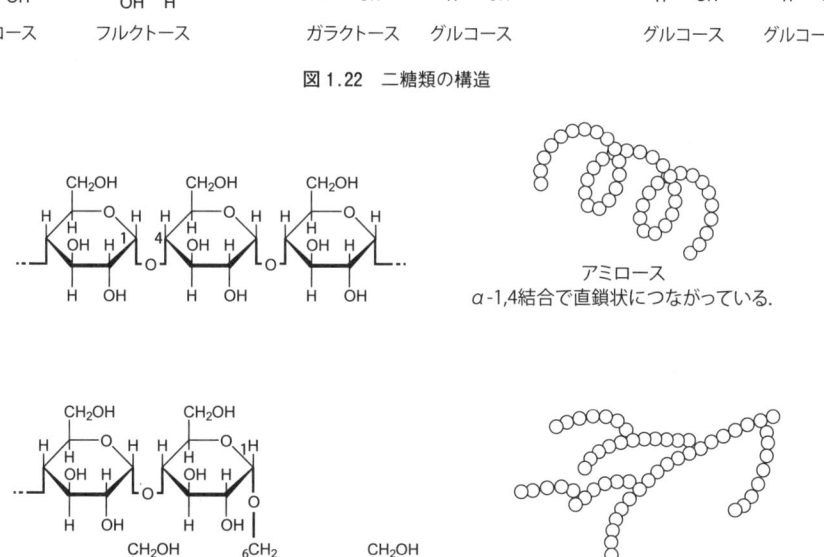

図1.23 多糖類の構造

自然界ではほとんどの単糖類は環状構造をとっています．環状構造をとったときにも，さらに新しい2種類の立体異性体が生じます．1番目の炭素についている $-OH$ が下方向を向いた場合（6番目の炭素と反対側）を α 型，上方向を向いた場合（6番目の炭素と同じ側）を β 型といいます．水溶液中では α 型，β 型がそれぞれ36％，64％の割合で平衡状態となっています．グルコースの場合，α 型のものを α-D-グルコース，β 型のもの β-D-グルコースと呼び分けます．

2）少糖類（オリゴ糖）（図1.22）

少糖類は，2〜数分子程度の単糖類が，**グリコシド結合***によってつながってできたものをいいます．砂糖の成分であるスクロース（ショ糖）はグルコースとフルクトースが α-1,β-2 結合を，ラクトース（乳糖）はガラクトースとグルコースが β-1,4 結合しています．さらに，マルトース（麦芽糖）はグルコースが2分子，α-1,4 結合したものです．

3）多糖類（図1.23）

多数の単糖類が，グリコシド結合によってつながってできたものをい

▼グリコシド結合
糖のヒドロキシ基（-OH）が他の糖やアルコールのヒドロキシ基と脱水してできる結合．

います．アミロース，アミロペクチンはでんぷんともいい，植物の光合成によってつくられた多糖類です．アミロースは α-D-グルコースが100〜1000個程度，α-1,4結合（片側1番めの炭素ともう片側4番めの炭素が脱水縮合した結合方式）によって直鎖状に結合したものをいい，アミロペクチンはグルコースが300〜600個程度，α-1,4結合の直鎖構造に，ところどころ α-1,6結合（片側1番めの炭素ともう片側6番めの炭素が脱水縮合した結合方式）で枝分かれを有するものをいいます．

動物の肝臓や筋肉に含まれるグリコーゲンは，アミロペクチン同様グルコースが α-1,4結合で直鎖状に，α-1,6結合で枝分かれをした構造をしています．しかし，アミロペクチンに比べて，グリコーゲンのグルコースの数は5万個程度と圧倒的に多く，また，枝分かれの数も多く，より複雑な網目構造をもちます．

3. 酵素とそのはたらき

細胞を構成する物質の多くは有機化合物であり，その種類は細胞1個当たり数千〜数万種もあるといわれています．このように膨大な数の物質はつねに分解され，また合成を繰り返していますが，これは多くの化学反応によって起こります．さらに，活動や物質輸送のためのエネルギー産生にも，数多くの化学反応が関与します．

体内で行われるこれらほとんどすべての化学反応は，生体触媒である酵素によって進行します．**触媒***というのは，自分自身はほとんど変化せず，反応速度を高めることのできる物質をいいます．繰り返して作用することができるため，わずかな量で間に合います．

(1) 酵素とは

でんぷんをグルコースに分解するとき，うすい硫酸を加えて加熱します．何らかの化学反応を短時間で進めたいとき，実験室であれば加熱したり酸やアルカリを投入したりします．なぜ，このようなことをしなければ反応は進まないのでしょうか？ これは，反応物と生成物との間にエネルギーの障壁があるからです．エネルギーの障壁とは，反応をひきおこすのに必要となる活性化エネルギーのことです．つまり，化学反応を進めるためには，活性化エネルギーを超えるエネルギー（上述の例では，火をつけること）を与えなければならないのです（図1.24）．

実験室と同様，ヒトの体の中でも，でんぷんはグルコースに分解されます．ところが，体内は37℃，ほぼ中性の環境下に保たれており，大変穏やかな環境です．このような穏やかな環境ででんぷんをグルコースに分解するには，酵素の作用が必要です．酵素は，活性化エネルギーを下げる働きをします．酵素が働くことで，たとえ穏やかな環境であって

▼触媒
特定の化学反応の反応速度を速める物質．触媒自身は化学変化を受けない．たとえば，常温では化合しない酸素と水素の混合気体も，白金黒（はっきんこく）という触媒の存在で激しく化合する．

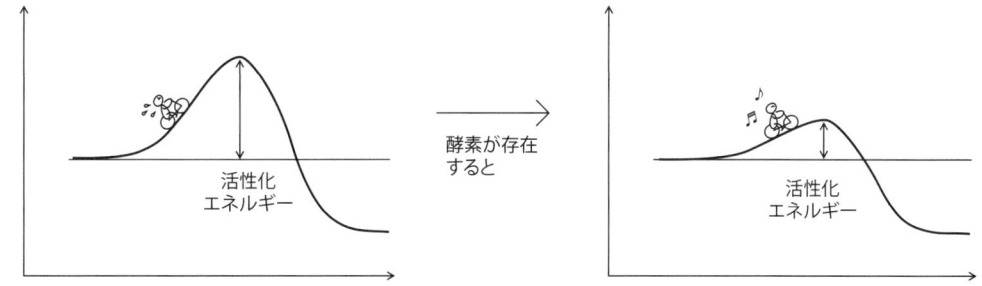

図1.24 活性化エネルギー

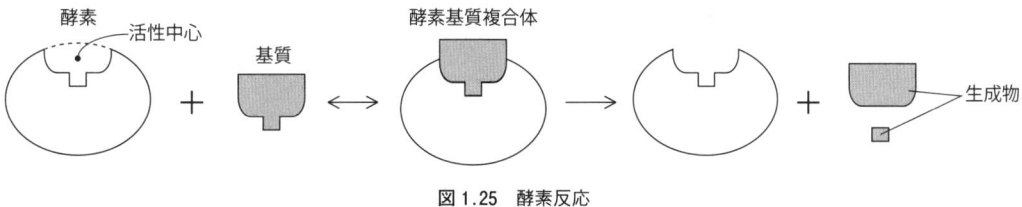

図1.25 酵素反応

も反応の速さは数百万～数億倍に上昇するのです.

　酵素はたんぱく質なので細胞内で合成されます. 細胞内で働く酵素も数多くありますが, 唾液や膵液に含まれるアミラーゼや胃液に含まれるペプシンなどのように細胞外に分泌されて働くものも存在します.

(2) 酵素の構造

　酵素はたんぱく質からなり, そのほとんどは球状をしています. 基本構造はアミノ酸が並んだものですが, さまざまな立体構造をとることができます. そのため, その性質を利用して特定の基質と結合することや複雑な調節をすることも可能となります.

　酵素の中には, たんぱく質だけからなる酵素もありますが, 補因子（たんぱく質以外の部分）をもつことで活性化（働くことができるようになること）される酵素もあります. 補因子は, 鉄, マグネシウム, マンガン, 亜鉛, 銅などの金属イオンの場合と, **補酵素***と呼ばれる有機化合物の場合とがあります.

　補因子のうち, 酵素たんぱく質に強く結合しているものを**補欠分子族**, 反応するときだけ酵素たんぱく質に結合するものを共同基質といいます. 補因子を伴わない酵素はアポ酵素, 一方, 補因子を伴った完全な酵素はホロ酵素と呼ばれます.

(3) 酵素の性質

　ひとつひとつの反応に関わる酵素はそれぞれ異なりますが, 多くの場合, 種々の化学反応は組み合わさって代謝経路を形成しています. 酵素が働きかけ, 化学反応を起こす物質を「基質」といい, その化学反応の

▼補酵素
酵素たんぱく質に結合して化学反応を助ける有機化合物. 補酵素の構造にはビタミンB群を含む場合が多く, これにリン酸やアデニンが結合して形成される. 補酵素が触媒する酵素反応には酸化還元（呼吸酵素）や転移（転移酵素）がある.

結果つくられた物質を「生成物」といいます（図1.25）．

①**基質特異性**：酵素には基質がぴったりとおさまる**活性中心***と呼ばれるくぼみがあり，この部位にぴったりと基質がおさまることで反応が行われます．基質と活性中心の関係はカギとカギ穴のようなもので，通常，酵素は1つの化学反応しか触媒しません．このように，酵素が基質を選ぶ性質を基質特異性といいます（図1.26）．細胞の中でいろいろな反応が同時進行していますが，反応がでたらめに起こらないのは酵素の基質特異性のおかげなのです．

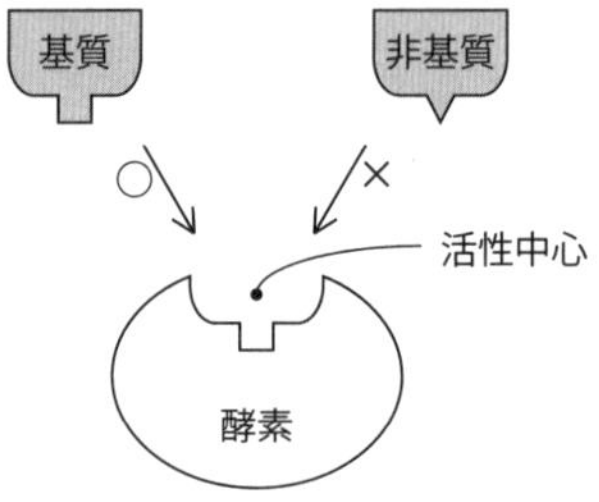

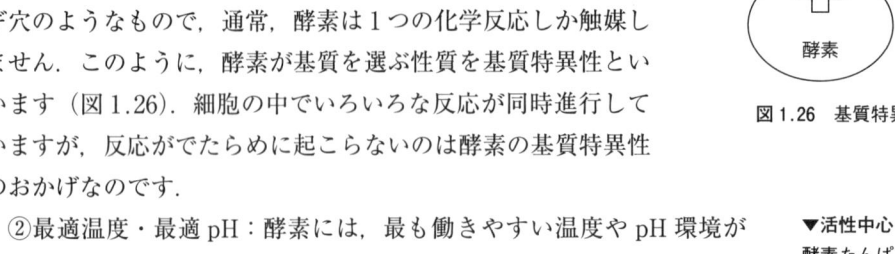

図1.26 基質特異性

②**最適温度・最適pH**：酵素には，最も働きやすい温度やpH環境があります．たんぱく質の立体構造は温度やpHによって変化するため，最適温度や最適pH以外では立体構造が基質の構造と合わなくなってしまうからです．ヒトの体内で働く酵素の多くは，37℃，pH7.4という環境を好みますが，胃の中で働くペプシン（たんぱく質分解酵素）はpH2という強い酸の環境を好みます（図1.27）．

▼**活性中心（活性部位）**
酵素たんぱく質分子中の，基質が特異的に結合して酵素の触媒作用を受ける部位．

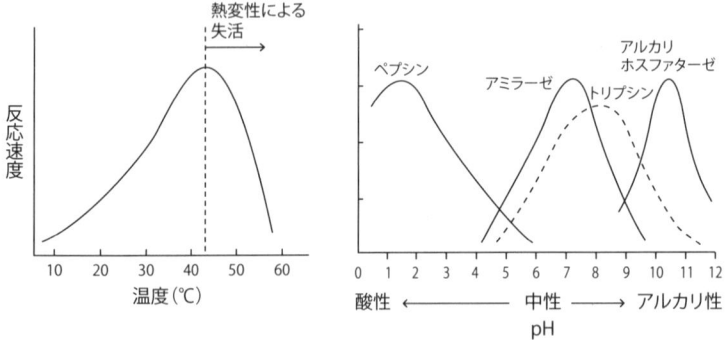

図1.27 酵素反応と温度，pHとの関係

(4) 酵素反応の阻害と調節（図1.28）

①**競争的阻害**：基質によく似た物質（阻害剤）が活性中心に結合し，本来の基質が結合できなくなってしまうことによる阻害です．

②**アロステリック調節**：アロステリック部位に，その立体構造と合致する物質が結合し，活性中心を変形してしまう酵素をアロステリック酵素といいます．このようにして起こる阻害をアロステリック制御（調節）といいます．

③**フィードバック調節**：一連の反応系において，最終的な生成物が初期の段階で働く酵素Aのアロステリック部位に結合し，その結果，酵素Aによる反応が抑制されます．このように，最終産物が最初の段階で働く酵素に対して影響力を及ぼし，反応全体の進行を調節するしくみをフィードバック調節といいます．最終産物が増えすぎないような調節作用の1つです．

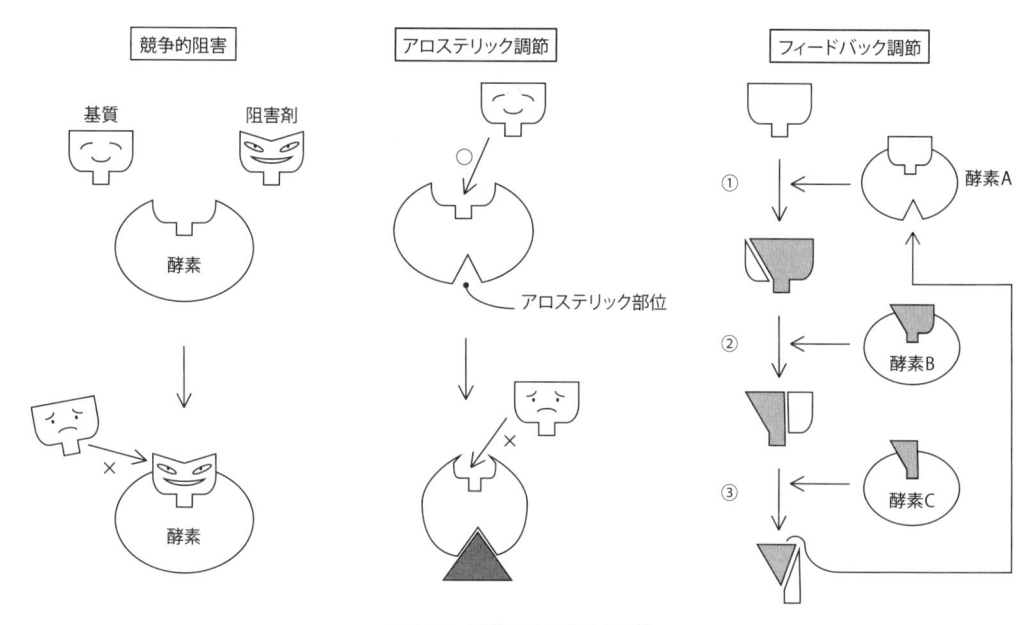

図1.28 酵素反応の阻害と調節

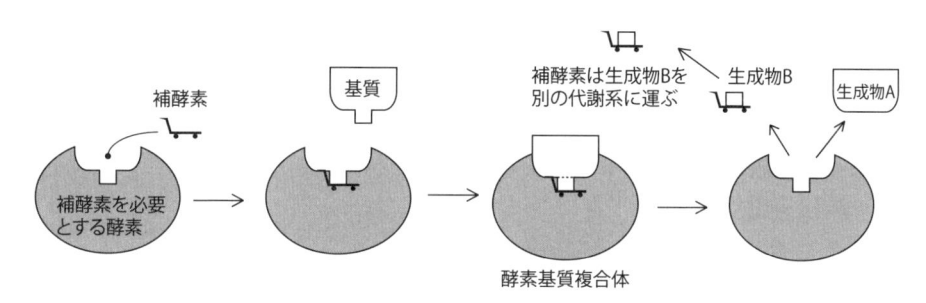

図1.29 補酵素の働き（例）

(5) 補酵素とは

　ビタミンB群は，体内に入ると補酵素となり，酵素とともに体内代謝を円滑に進めます．補因子の中でも，低分子の有機化合物であり，酵素反応の化学基の受け渡し反応に関与するものを補酵素といいます．多くは，ビタミンB群の体内誘導体であり，酵素との結合は弱く，必要に応じて酵素と解離します．そのような性質を利用して，酵素の活性化や，生成した物質を運搬する等に働きます（図1.29）．

　①ビタミンB_1（チアミン）：ビタミンB_1の化学名はチアミンです．チアミンは食事として体内に取り込まれたのち，リン酸化によって補酵素であるチアミンピロリン酸（TPP）となります（図1.30）．エネルギー産生経路における脱炭酸反応に関与しています．

　②ビタミンB_2（リボフラビン）：B_2の化学名をリボフラビンといいます．体内ではフラビンアデニンジヌクレオチド（FAD）またはフラビンモノヌクレオチド（FMN）という補酵素となり，エネルギー産生

▼ビタミンB_1の欠乏症
脚気やウェルニッケ脳症．脚気の症状は，腱反射消失や足の痛み，浮腫，心臓疾患等である．ウェルニッケ脳症はアルコール常用者に多くみられ，中枢神経症状（精神障害，運動失調，眼球運動麻痺等）がみられる．

▼ビタミンB_2の欠乏症
成長阻害，口角炎，舌炎，口唇炎，歯肉炎などの口内外の炎症，皮膚乾燥，脂漏性皮膚炎などがある．

食品中　　　　体内

チアミン →摂取→ チアミン →リン酸化→ チアミン-P-P
(ビタミンB₁)　　　　　　　　　　　　　チアミンピロリン酸（TPP）

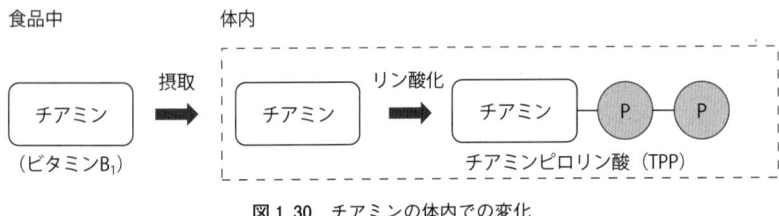

図1.30　チアミンの体内での変化

経路において，水素をうけとる役目をもちます．

③ナイアシン（ニコチン酸）：ニコチン酸およびニコチンアミドを総称してナイアシンといいます．体内ではニコチンアミドアデニンジヌクレオチド（NAD）あるいはニコチンアミドアデニンジヌクレオチドリン酸（NADP）という補酵素になり，エネルギー産生経路において，水素をうけとる役目をもちます．

④ビタミン B_6（ピリドキシン）：B_6作用を示すものとして，ピリドキシンあるいは，ピリドキサール，ピリドキサミンとそれぞれのリン酸エステルがあります．体内ではピリドキサールリン酸（PLP）という補酵素になり，たんぱく質代謝において，アミノ基の転移に関わっています．

⑤パントテン酸：体内ではコエンザイム A（CoA）という補酵素になり，糖質および脂質代謝でアセチル基，アシル基の転移に関わります．

⑥葉酸：体内ではテトラヒドロ葉酸という補酵素になり，核酸やアミノ酸代謝でメチル基などの転移に関与しています．

⑦ビタミン B_{12}：ビタミン B_{12} の化学名はコバラミンです．体内ではアデノシルコバラミン，メチルコバラミンという補酵素になり，核酸やアミノ酸代謝でメチル基転移などに関わっています．

⑧ビオチン：生体内では，ビオチンとリシンの結合したビオシチンの形で存在し，脂質や糖質代謝で炭酸の転移に関わります．

(6) 酵素の種類

生体内のすべての酵素は次の6つに大別されます．以下の分類は国際生化学連合によって決められたものです．

①酸化還元酵素：基質の水素を別の基質へ移動する酵素．例：**乳酸脱水素酵素***，**ピルビン酸脱水素酵素*** など．

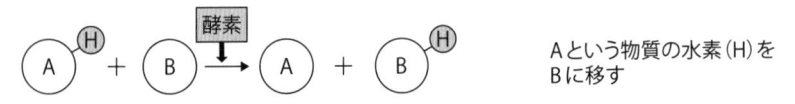

A(H) + B →酵素→ A + B(H)　　Aという物質の水素(H)をBに移す

②転移酵素：基質の化学基の一部を別の基質へ移動する酵素．例：**アラニンアミノトランスフェラーゼ***（ALT）など．

▼ナイアシンの欠乏症
ペラグラ（イタリア語で粗い皮膚）．皮膚炎，消化器症状，精神神経症状（頭痛，不眠，幻覚，錯乱など）の三主徴はペラグラの典型的な症状である．

▼ビタミン B_6 の欠乏症
湿疹，口角炎，舌炎，脂漏性皮膚炎，貧血，てんかん発作，聴覚過敏，脳波異常，免疫力低下などがある．

▼パントテン酸の欠乏症
成長停止，体重減少，皮膚炎，脱毛，胃不快感を伴う食欲不振，抑うつ，手足のしびれと焼けるような痛み，頭痛，疲労など．

▼葉酸の欠乏症
巨赤芽球性貧血．また，血漿ホモシステイン濃度が上昇するが，これは，血管平滑筋細胞の増殖を促し，動脈硬化の危険因子となる．葉酸欠乏によって，胎児の神経管閉鎖障害が起こることが知られている．

▼ビタミン B_{12} の欠乏症
巨赤芽球性貧血（悪性貧血ともいう）．葉酸欠乏でも巨赤芽球性貧血は起こるが，ビタミン B_{12} の欠乏によるものは，しびれや痛みなどの神経症状が伴うことが特徴である．

▼ビオチンの欠乏症
欠乏症はそれほど多くない．しかし，皮膚炎，結膜炎，脱毛，運動失調，緊張低下，ケト乳酸アシドーシス，有機酸尿，けいれん，食欲不振，吐き気，悪心，などの症状が起こることもある．

▼乳酸脱水素酵素
乳酸⇔ピルビン酸の反応を触媒する解糖系の酵素．NAD を補酵素としている．

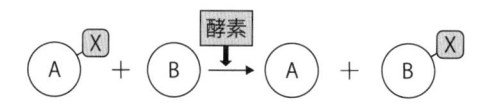

A—X + B →[酵素] A + B—X　Aという物質の水素以外の化学基(X)をBに移す

③加水分解酵素：基質に H_2O 分子を与えて，分解する酵素．例：**アミラーゼ*，ペプシン*，リパーゼ*** など．

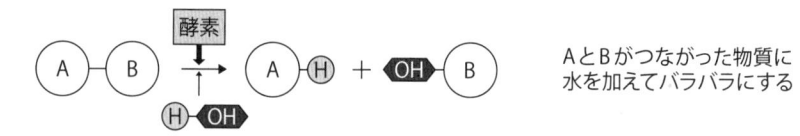

A—B →[酵素] A—H + OH—B　AとBがつながった物質に水を加えてバラバラにする
　　　↑H—OH

④リアーゼ（脱離酵素）：基質の一部を取り除く酵素．例：**グルタミン酸デカルボキシラーゼ*** など．

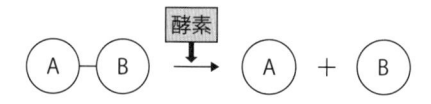

A—B →[酵素] A + B　AとBがつながった物質を加水分解とは異なった方式でバラバラにする

⑤異性化酵素：同一の分子式をもつが分子構造の異なる物質間の反応を行う酵素．例：**グルコースイソメラーゼ*** など．

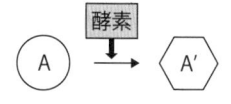

A →[酵素] A'　Aをその異性体であるA'に変える

⑥合成酵素：2個の分子をつなぐ合成反応を行う酵素．例：**ピルビン酸カルボキシラーゼ*** など．

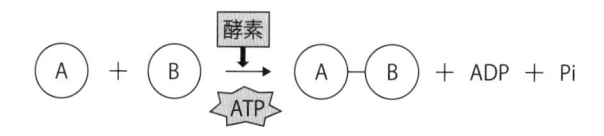

A + B →[酵素, ATP] A—B + ADP + Pi　バラバラのAとBをATPのエネルギーを利用して合成するATPはリン酸(Pi)を1つ失って，ADPとなる

(7) 酵素の測定と臨床的意義

①逸脱酵素：本来，細胞の内部で働く酵素ですが，細胞が損傷を受けると，酵素が血液中に漏れ出てきます．このような漏れ出てきた酵素を逸脱酵素といいます．

逸脱酵素は疾患判定のスクリーニングで利用されます．ある臓器に特徴的な酵素が血液中で検出されたり，高値を示したりすると，元の臓器がどの程度損傷したかを推測することができます．たとえば，アラニンアミノトランスフェラーゼ（ALT）は肝疾患の際に，クレアチンキナーゼは心筋梗塞などの際に，血中量が上昇することが知られています（表1.2）．

②アイソザイム：同じ基質に作用し，同じ反応をする酵素ですが，たんぱく質の四次構造であるサブユニットの組合せが互いに異なる酵素を

▼ピルビン酸脱水素酵素
ピルビン酸→アセチルCoAの反応を触媒する酵素．チアミンピロリン酸（ビタミン B_1 の補酵素型）を補酵素とする．

▼アラニンアミノトランスフェラーゼ（ALT）
アラニン⇔ピルビン酸間の反応を触媒するアミノ基転移酵素．ピリドキサールリン酸（ビタミン B_6 の補酵素型）を補酵素とする．

▼アミラーゼ
でんぷんのα-1,4結合を切断する消化酵素．唾液や膵液に含まれている．

▼ペプシン
たんぱく質のポリペプチド鎖を切断する消化酵素．胃液に含まれている．

▼リパーゼ
脂質の消化酵素であり，トリアシルグリセロールをモノアシルグリセロールと脂肪酸2分子に分解する反応に関わる．膵液に含まれる．

▼グルタミン酸デカルボキシラーゼ
グルタミン酸を脱炭酸する酵素．この酵素の働きにより，グルタミン酸はγ-アミノ酪酸（GABA）と二酸化炭素に分解される．

▼グルコースイソメラーゼ
グルコースをフルクトースに変換する反応を触媒する酵素．フルクトースは甘味が強く口当たりも良いので，工業的にこの酵素が利用される．

▼ピルビン酸カルボキシラーゼ
ピルビン酸をオキサロ酢酸に変換する反応を触媒する酵素．糖新生に関わる．

表1.2 主な逸脱酵素と疾患

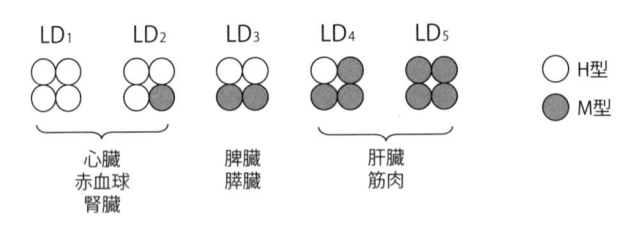

酵素名	本来の所在臓器	疾患
アスパラギン酸アミノトランスフェラーゼ(AST)	心筋, 骨格筋, 肝臓	心筋梗塞, 肝炎
アラニンアミノトランスフェラーゼ(ALT)	肝臓	肝炎, 肝腫瘍
アミラーゼ	膵臓	膵炎, 膵疾患
クレアチンキナーゼ(CK)	骨格筋, 心筋, 脳	心筋梗塞, 筋ジストロフィー
γ-グルタミルトランスペプチダーゼ(γ-GTP)	肝臓	アルコール過飲, 肝炎, 肝腫瘍
乳酸脱水素酵素(LD)	心筋, 肝臓	心筋梗塞, 肝炎, 白血病
リパーゼ	膵臓	急性膵炎, 膵管閉塞
アルカリホスファターゼ	骨	骨軟化症, くる病, 腫瘍
酸性ホスファターゼ	前立腺	前立腺腫瘍

図1.31 乳酸脱水素酵素（LD）のアイソザイムと電気泳動パターン

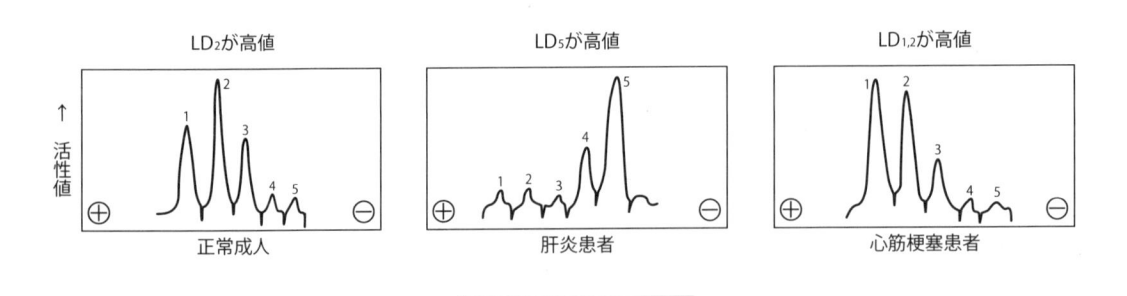

アイソザイム*といいます．

　乳酸脱水素酵素（LD）は乳酸とピルビン酸間の反応を触媒し，H型とM型の2種類のサブユニットからなる四量体（4つのサブユニットが組み合わさった構造）の酵素です．H型は心筋に多く，M型は骨格筋や肝臓に多いので，組合せのパターンを電気泳動と呼ばれる方法（たんぱく質の形状などを知るための方法）で知ることによって，体内のどこの臓器が損傷しているかを突き止めることが可能となります（図1.31）．

▼アイソザイムの例
乳酸脱水素酵素の他に，クレアチンキナーゼ，アルカリホスファターゼ，アミラーゼ，γ-GTPなどにもアイソザイムが存在する．

第2章 細胞から個体へ

1. 体細胞分裂

1個の細胞が2個以上の細胞に増殖することを細胞分裂といいます．細胞分裂には，体をつくる細胞が増えるときに行われる体細胞分裂と，生殖のための卵や精子がつくられるときに行われる減数分裂とがあります．

まずは，体細胞分裂の過程について説明します．単細胞生物では体細胞分裂によって，同じ個体を増やすことができます．また，ヒトのような多細胞生物では，体細胞分裂によって細胞の数が増え，あるいは失われた細胞が補充されます．それにより，個体が形成され，維持されます．

(1) 細胞周期と体細胞分裂

分裂を繰り返している細胞において，分裂開始から次の分裂開始までの1サイクルを**細胞周期**といいます（図2.1）．大きくは分裂期と間期の2つに分けられます．分裂期はさらに前期・中期・後期・終期の4つの時期に，間期はG1期・S期・G2期の3つの時期に分けられます*．

▼**各期の略称の意味**
M期，G期，S期は，それぞれ，mitotic（有糸分裂）期，gap（ギャップ）期，synthetic（合成）期を意味している．

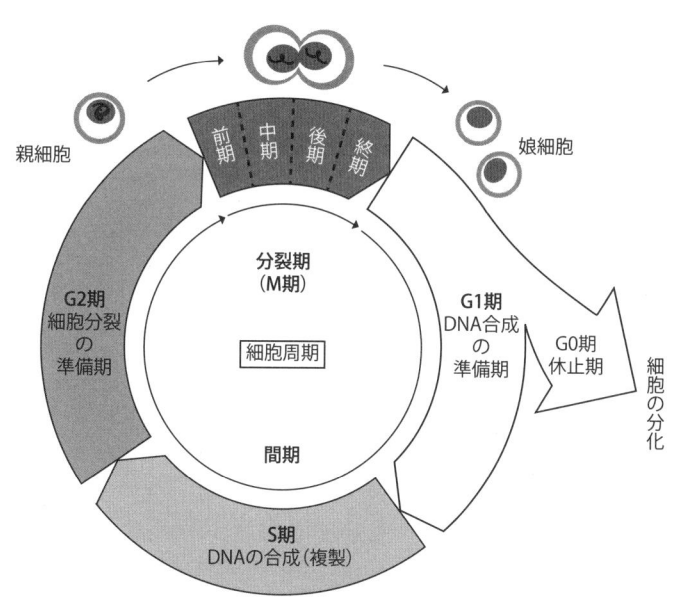

図2.1 細胞周期

分裂前の細胞を母細胞，分裂してできる新しい2つの細胞を娘細胞と呼びます．

体細胞分裂では，間期にDNAが複製され，細胞分裂の準備が行われます．分裂期では，まず核が2つに分かれる核分裂が，次いで細胞質分裂が起こります．

1) 分裂期（図2.2）

前期：染色体は太く短く棒状になり，縦に分かれ目が見え，2本の染色分体が合わさった状態となります．染色体が2本に見えるのは，分裂期が始まる前，すでに間期の段階でDNAは複製され2倍量となっているためです．さらに，中心体も間期に複製されており，これらも2つに分かれ細胞の両極に移動し，多数の微小管（紡錘糸）が配置され，星状体*が形成されます．前期の終わり頃には，核膜や核小体が消失します．

中期：両極から伸びてきた微小管はそれぞれの染色体の動原体（中心部のくびれた箇所）に向かい合って結合します（図2.3）．動原体と結合しなかった微小管どうしは，細胞の赤道面でお互いに重なって結合し，全体として紡錘体を形成します．このような微小管の働きによって，すべての染色体が細胞の赤道面を仕切るように並びます．なお，染色体と結合する微小管を動原体微小管，結合しない微小管を極間微小管

▼星状体
中心体を中心として全方向に放射状に配置された多数の微小管からなる構造体．細胞分裂や減数分裂の際に現れる．

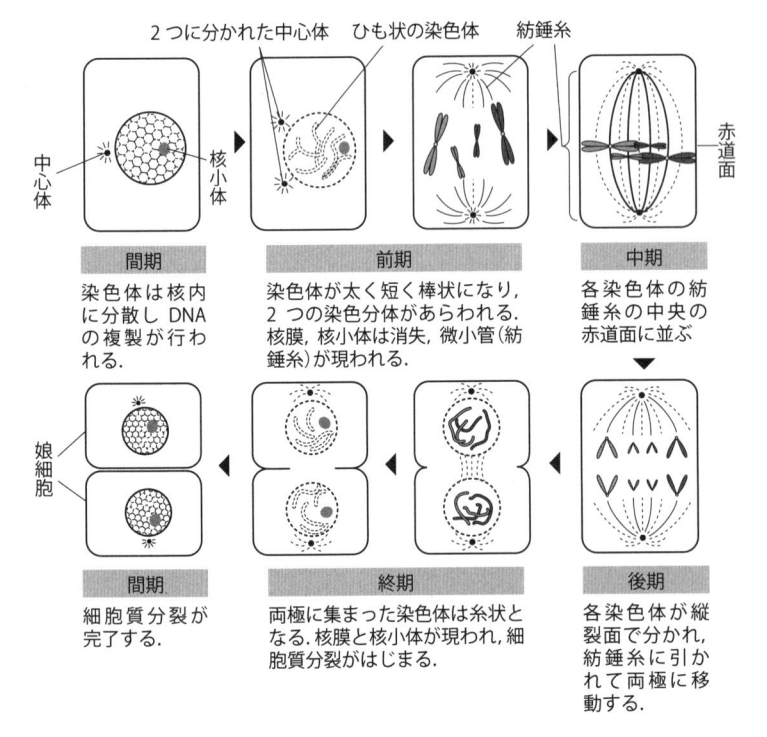

図2.2 体細胞分裂の過程

1. 体細胞分裂 33

中心体(2個の中心粒とまわりの透明部分とからなる)　モーターたんぱく質　動原体　極間微小管

星状体

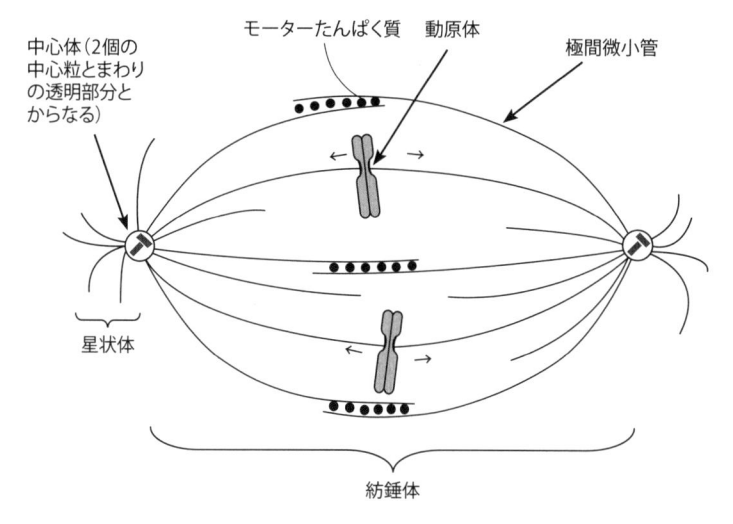

紡錘体

図2.3 中期における紡錘体の模式図

といいます．

後期：動原体に結合した微小管に引かれて，それぞれの染色体はたてに2つに分かれ，両極に移動します．両極に集まった染色体の組み合わせは母細胞と同じになります．

終期：両極に集まったそれぞれの染色体の凝縮はゆるみ，かたちは細長い糸状に戻ります．紡錘体は消失し，核膜や核小体が現れて，核分裂が終了します．

核分裂の終了する同時期に，細胞質分裂が始まります．細胞の赤道部にくびれができ，しだいにこのくびれが深くなり，最終的に2つに分かれます．

2) 間期

核分裂が終了してから，次の核分裂に入るまでの期間を**間期**といいます．娘細胞が大きくなり（G1期），DNAの複製が行われ（S期），次の分裂の準備が行われます（G2期）．

3) DNA量の変化

DNAは間期に複製され2倍量になります．分裂期に入ると，前期ではそれぞれ2本の染色分体を形成し，後期には，それらが分かれて娘細胞に分配されます．そのため，娘細胞には母細胞と同じ量のDNAが分配されます．

(2) 染色体の微細構造

これまで，染色体について学習してきましたが，染色体として明らかに観察できる時期は，細胞分裂時の中期頃のほんの一時期にすぎません．分裂が行われていない細胞では，核を電子顕微鏡で観察しても，核小体以外の構造をみることはできないのです．

1) 染色質と染色体

核を塩基性色素で染めると，核内に充満して濃く染色される部分が見られます（図2.4）．これは，直径2nmの細い糸状のデオキシリボ核酸（DNA：deoxyribonucleic acid）がたんぱく質と結合して，核内全体に散らばった状態であり，**染色質**あるいは**クロマチン**（chromatin）と呼ばれます．クロマチンのいたるところでは，遺伝子DNAをもとに，生命維持に必要な情報が読み取られ，その情報がサイトゾルに送られています．

核の内部に充満していたクロマチンは，細胞分裂が始まると凝集を始め，2本の棒が中央で付着した染色体になります．2本のそれぞれを染色分体といい，これは分裂した後の娘細胞にそれぞれ同じ染色体を分配するために，染色体が複製されたものです．

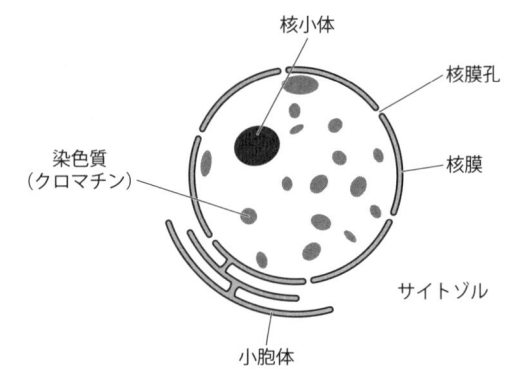

図2.4 核の構造

2) 相同染色体

生物の種によって，1つの細胞の核の中にある染色体数は決まっています．ヒトの細胞の場合，染色体数は46本ですが，トノサマガエルは26本，キイロショウジョウバエは8本，コイはなんと100本です．

核内の染色体をよく観察してみると，同じ形と大きさの等しいものが2本ずつみられます（図2.5）．この1対の染色体を**相同染色体***といいます．相同染色体は，それぞれ母親から受け継いだものと，父親から受け継いだものなのです．ヒトでは，23本を母親から，23本を父親から受け継いでおり，この場合，母ないしは父由来の染色体数を $n=23$，両者が接合して新しくできた個体の体細胞の染色体数を $2n=46$ と表します．なお，核の染色体構成を**核相***といい，$2n$ の場合を複相，n の場合を単相といいます．

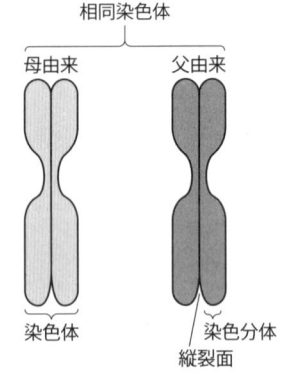

図2.5 相同染色体

さらに，男性だけがもつ1本の染色体があり，これをY染色体といいます．Y染色体に対応するのはX染色体であり，これらYとXの染色体を性染色体，残りの22本を常染色体と呼びます．つまりヒトでは，母親から22本の常染色体とX染色体，父親から22本の常染色体とXまたはY染色体を受け継ぎます（図2.6）．

▼相同染色体
有性生殖をする生物の体細胞中には，形・大きさが同じである染色体が2本ずつみられる．この1対の染色体を相同染色体という．片方は父方に，もう片方は母方に由来する．相同染色体は，減数分裂の際には対合する．

▼核相
対になる染色体（相同染色体）をもつ体細胞は複相であり，一方，卵や精子などの生殖細胞は相同染色体を片方ずつしかもたないため単相である．

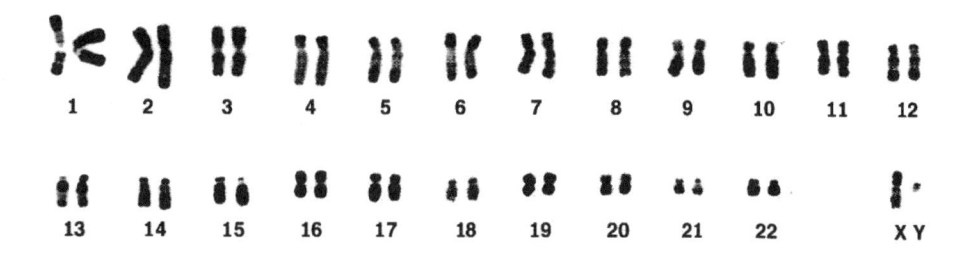

図2.6 ヒト（男性）の染色体一式

(3) 単細胞生物から多細胞生物へ

序章で述べたとおり，大腸菌やアメーバ，ゾウリムシなどは，1個体が1個の細胞からできている単細胞生物です．単細胞生物は，1個の細胞が独立して生活しているので，食物の取り込み，消化や排泄などのさまざまな働きを，1つの細胞にもち合わせています．たとえば，ゾウリムシでは，食物を取り込む細胞口，細胞の水を排泄する収縮胞，消化する食胞などの特別な構造がみられます．

それに対して，多細胞生物では多数の細胞から，1個体がつくられています．1個の細胞から出発した受精卵は，細胞分裂を繰り返し同じ遺伝子をもった細胞の集団となります．ところが，数が増える過程の中で，骨や筋肉といった特定のかたちや働きをもった細胞に変化しながら増えていきます．この現象を細胞の分化といいます（図2.7）．分化しながら増えた細胞は協同して働きます．そのため，多細胞生物の個体を構成する細胞は，単細胞生物の細胞とは異なり，単独で生きていくことはできません．

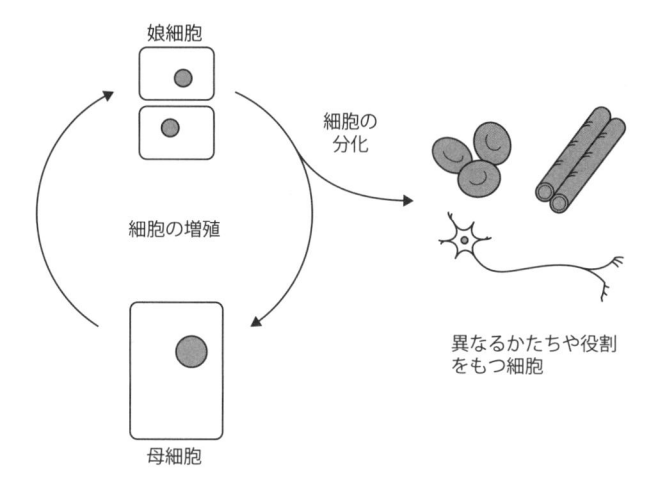

図2.7 細胞の分化

2. ヒトのからだの成り立ち

多細胞生物であるヒトのからだは，形や働きの異なる多様な細胞から構成されています．似たような細胞は集まり組織をつくり，組織は集まり特定の構造体（器官）となります．さらに，共通の働きを果たす一連の器官はまとまり，器官系を構成します．

(1) 組織

ヒトを含む脊椎動物のからだを構成する組織は，上皮組織，結合組織，神経組織，筋組織の4種に分けられます（図2.9）．

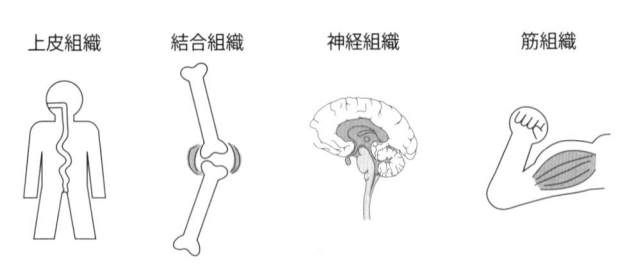

図2.8 脊椎動物の組織

1) 上皮組織

動物のからだの体表面をおおう皮膚や消化管や血管の内面をおおう粘膜の表皮は，細胞が互いに密着して1層あるいは多層の層をつくっています．体内の組織の保護，物質の分泌や吸収，感覚受容などの機能があります．

2) 結合組織

組織や器官の間を埋める硬い組織です．結合組織では，**コラーゲン***や多糖類，リン酸カルシウムなどの物質が多くみられ，この中に細胞が散らばって存在しています．皮膚を構成する真皮（繊維性結合組織），筋肉と骨とをつなぐ軟骨組織，体脂肪を構成する脂肪組織，体を支える骨組織，物質の運搬に関わる血液などは結合組織に含まれます．

3) 神経組織

多数の突起をもった神経細胞（ニューロン）とそれを支える**神経膠細胞（グリア細胞）***からなります．刺激による細胞の興奮を中枢に伝え，中枢からの指令を全身に伝えます．

4) 筋肉組織

筋線維と呼ばれる細長い線維状の細胞が集まってできています．筋線維の細胞質は，収縮性の強いたんぱく質を含んでいます．横じまがみられる**横紋筋***（骨格筋）と横じまがみられない**平滑筋***（内臓筋）とに

▼コラーゲン
動物の結合組織を構成する主要なたんぱく質．体たんぱく質の約1/3を占める．コラーゲンには特有なアミノ酸としてプロリンが水酸化されたヒドロキシプロリンが多く含まれており，コラーゲンの構造を安定化させている．

▼神経膠細胞（グリア細胞）
神経系を構成する神経細胞ではない細胞の総称．神経組織の結合・支持・栄養補給などの役割を果たす．グリアとは，膠（にかわ，英：glue）を意味するギリシャ語に由来する．

▼横紋筋
筋線維に横紋構造をもつ筋肉．随意筋としての骨格筋と，不随意筋としての心筋が含まれる．

▼平滑筋
横紋筋と異なり筋節がない．平滑筋は自律神経の支配を受け，不随意筋である．消化管（胃，小腸，大腸）や血管，膀胱，子宮などの壁に分布している．

表2.1 脊椎動物の器官系

器官系	それぞれに含まれる主な器官(組織・細胞)	はたらき
神経系	大脳, 間脳, 中脳, 小脳, 延髄, 脊髄, 運動神経, 自律神経	刺激の伝達, 神経・精神活動
感覚系	目, 耳, 鼻, 舌, 皮膚, 平衡器	刺激の受容
筋肉系	骨格系, 内臓筋, 心筋, 血管内皮筋, 立毛筋	運動
骨格系	骨(硬骨), 軟骨	体支持, 器官保護
消化器系	口腔, 食道, 胃, 小腸, 大腸, 肝臓, すい臓, 胆のう	食物の消化と吸収
呼吸器系	肺, 気管	ガス交換, 発声
循環器系	心臓, 血管(血液), リンパ管(リンパ液)	体液(血液とリンパ)の循環
免疫系/造血器系	骨髄, 胸腺, 脾臓(肝臓), リンパ節	造血, 血液処理, 免疫, 血液凝固
腎・尿路系(排泄系)	腎臓, ぼうこう, 汗腺	水と不要物質の排出
生殖器系	生殖腺(卵巣・精巣), 子宮	配偶子(卵・精子)産生, 胎児発育
内分泌系	脳下垂体, 甲状腺, 副甲状腺, 副腎, 膵臓, 生殖腺	ホルモンによる調節作用
上皮組織系	皮膚, 毛, つめ	体表・組織の保護, 外的要因からの防御

分けられます.また,意志によって収縮させることができる随意筋は横紋筋,意志によって収縮させることができない不随意筋は平滑筋ですが,心筋は横紋筋でありながら意志により収縮させることのできない不随意筋に分類されます.

(2) 器官と器官系

多細胞動物では,以上のような組織が集まって肝臓や腎臓,心臓などの器官を構成しています.器官のことを,脊椎動物では臓器という場合もあります.たとえば,胃は1つの器官であり,上皮組織,筋組織などの複数の組織からつくられています.いくつかの器官が1つのまとまった働きをする場合,それらをまとめて器官系といいます(表2.1).口腔,食道,胃,小腸,大腸は連携して消化吸収という働きを行う消化器系を,心臓や動脈,静脈は連携して物質輸送を行う循環器系を構成します.器官系は互いに消化器系で吸収された栄養素を循環器系で運搬するなど連携して働きます.また,**膵臓***は消化器系と内分泌系の両方に属するなど,複数の機能をもつ器官も存在します.

▼膵臓
消化系の働きは,アミラーゼ,リパーゼ,トリプシノーゲンなどの消化酵素を膵液として十二指腸に分泌する.内分泌系としての働きは,ランゲルハンス島A(α)細胞からグルカゴンを,またB(β)細胞からインスリンをそれぞれ分泌する.

3. 生殖

生物個体を増やし,次の世代の個体を残すこと,これを生殖といいます.生殖は生物だけのもつ営みであり,生物と無生物とを区別する最も重要な特徴の1つです.

単細胞生物は,体細胞分裂によって個体を増やすことができます.一方,ヒトを含めた多細胞生物では体細胞分裂は個体の成長あるいは維持

のためであり，次の世代の個体を残すための増殖にはつながりません．そこで，多細胞生物では特殊な生殖細胞をつくり，それを融合することで新個体を増やします．

(1) 無性生殖と有性生殖

生殖には，無性生殖と有性生殖という2つの方式があります．

1) 無性生殖（図2.10）

体の一部が分かれて，それが単独で新しい個体を形成する生殖方法です．新しい個体である子は，もとの個体である親と同じ染色体を受け継ぐため，親とまったく同じ遺伝子をもった子が生じます．

無性生殖には分裂，出芽，栄養生殖などの形式があります．

分裂：親個体が細胞分裂によって2つ以上の個体に分かれる方法です．アメーバやゾウリムシなどの単細胞生物のほか，多細胞生物でもイソギンチャクやプラナリア*も体が2つに分かれて増殖します．

出芽：個体の一部が成長し，そこが分離して新個体になります．単細胞生物の酵母菌，多細胞生物のヒドラ*やサンゴなどにみられます．

栄養生殖（主に植物）：根・茎・葉の一部が分離して新個体になります．ジャガイモやオニユリ，ユキノシタなどの植物で主にみられます．

▼プラナリア
ウズムシ目プラナリア科の扁形動物の一種．体長2〜3cmで扁平．口は腹面中央にある．体表に繊毛をもち，この繊毛の運動によって渦ができることからウズムシと呼ばれる．渓流中の石の裏などにすむ．

▼ヒドラ
ヒドラ亜目ヒドラ科のヒドロ虫類の総称．細長い円筒形のからだの先端に6本ほどの触手をもつ．水草の上や，水に沈んだ落ち葉の上などで生活している．伸縮性があり，触手には刺胞という毒針装置があり，これでミジンコなどを捕食する．

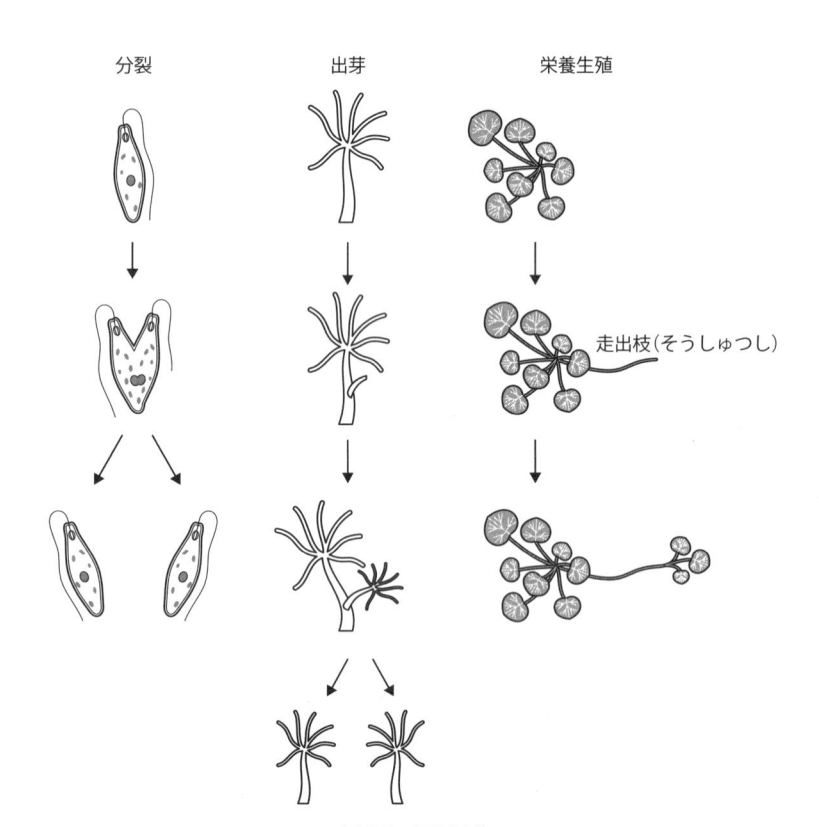

図 2.9　無性生殖

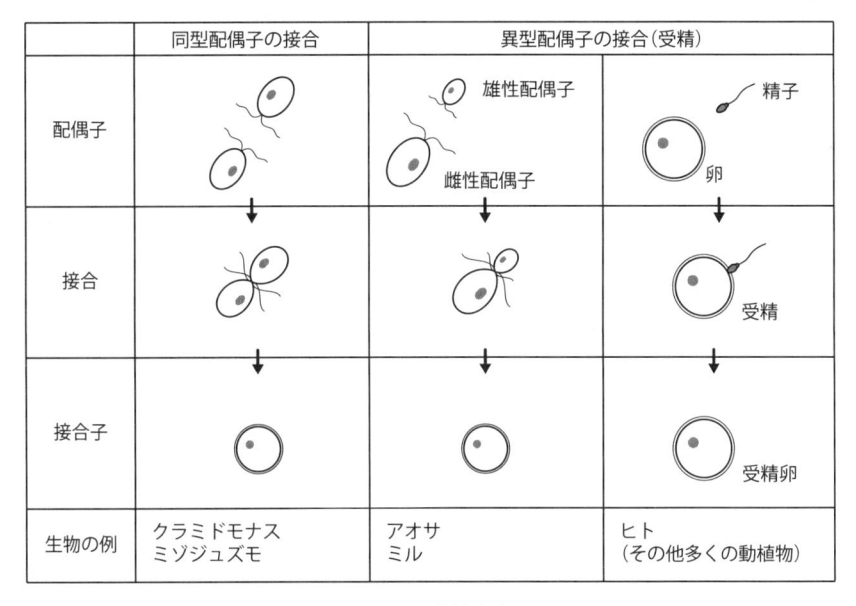

	同型配偶子の接合	異型配偶子の接合（受精）	
配偶子		雄性配偶子／雌性配偶子	精子／卵
接合			受精
接合子			受精卵
生物の例	クラミドモナス ミゾジュズモ	アオサ ミル	ヒト（その他多くの動植物）

図2.10　有性生殖

2) 有性生殖

からだの一部に配偶子と呼ばれる生殖細胞ができ，2つの配偶子の融合によってできた細胞から新個体ができる生殖方法です．2つの配偶子が合体することを接合といい，接合してできた新しい細胞を接合子といいます．両親の配偶子の合体により，両親から染色体を受け継ぐため，その組み合わせによって親とは異なるさまざまな遺伝子をもった子が生じます．

接合する配偶子が互いに同じ大きさや形のものを同型配偶子といい，クラミドモナス*やシオグサ，ミゾジュズモ*などがあります（図2.10）．一方，大きさや形の異なるものを異型配偶子といい，一般に大きい方を雌性配偶子，小さい方を雄性配偶子といいます．

ヒトのつくる配偶子をはじめ，よく知られている異型配偶子は卵と精子です．卵は大きくて運動性がなく，精子は小さくて運動性があり，また，卵をつくる方を雌，精子をつくる方を雄と呼びます．通常，配偶子どうしの合体は接合といいますが，精子と卵の場合はとくに受精といい，さらに，生じた接合子については受精卵と呼びます．受精が雌の体内で起こる場合を体内受精，体外で起こる場合は体外受精といいます．

(2) 減数分裂とその役割

2つの配偶子がそのまま接合すると染色体の数は2倍になってしまいます．そこで，配偶子が形成される際に，染色体を半減させておかなければなりません．このように染色体を半減させる分裂方式を減数分裂といいます．

▼クラミドモナス
単細胞の緑藻属．淡水中に生じる．10〜30 μmの卵形の細胞に，長い2本のべん毛をもつ．硬い細胞壁があり，変形運動はしない．葉緑体と眼点をもつ．極地や高山などの氷雪中に生育して赤雪（雪山がピンク色に染まる現象）をつくるものもある．

▼ミゾジュズモ
淡水産の糸状緑藻類でシオグサ科に属する．細胞が縦1列に長さ10〜15 cmに連なった糸状体で，根元は多くの糸状体が束になって石などに付着している．きれいな水が動いているところ，たとえば小さい川の石上，排水溝，用水路の石壁で生育している．

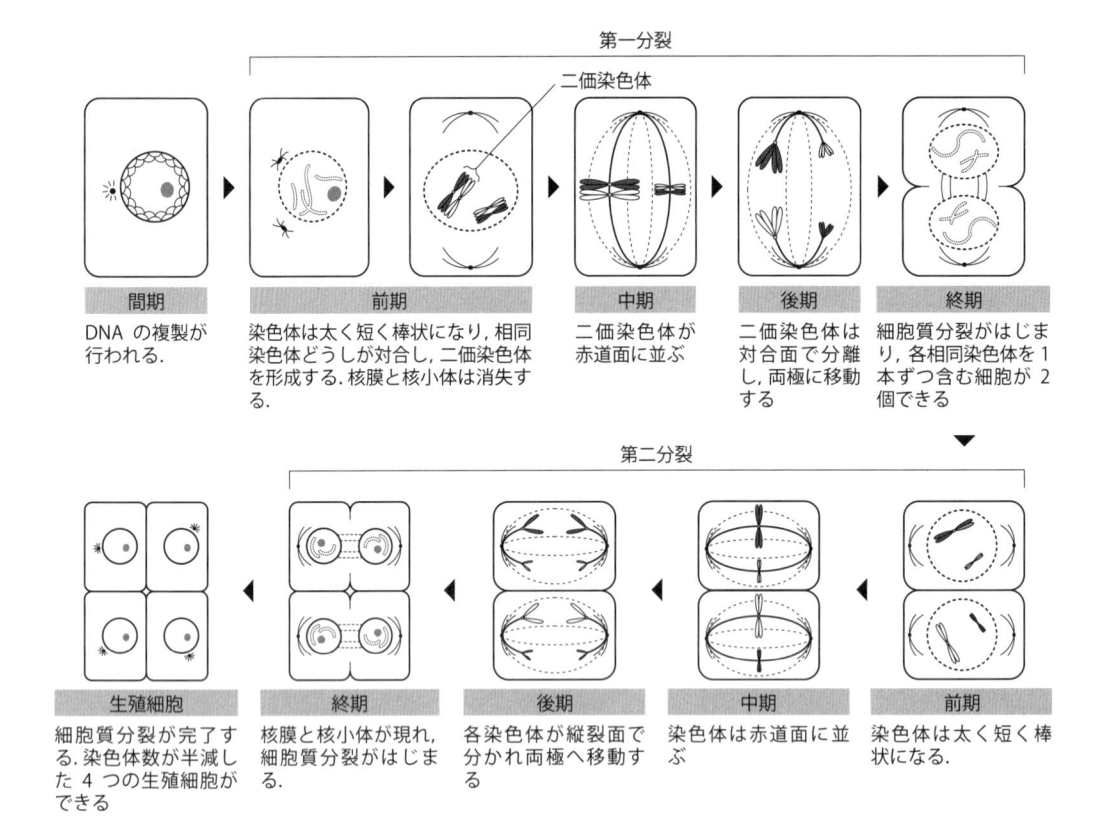

図 2.11 減数分裂の過程

1) 減数分裂の過程（図 2.11）

動物の卵・精子などの生殖細胞がつくられるときに，減数分裂は行われます．減数分裂は2回の連続した細胞分裂からなり，最初の分裂を第一分裂，次いで起こる分裂を第二分裂といいます．その結果，1個の母細胞から，最終的に4個の細胞が形成されます．

なお，第一分裂の起こる前の間期（S期）には，体細胞分裂と同様，核内ではDNAが複製し，分裂の準備が行われます．

①第一分裂

前期：染色体は太く短くなり，星状体が現れ，核膜や核小体が消失します．体細胞分裂と異なる点は，父親と母親に由来する相同染色体が寄り添って並ぶことです．これを対合といい，このときの染色体を**二価染色体**＊と呼びます．したがって，二価染色体は4本の染色分体からできていることになります．

中期：対合した2本の相同染色体は赤道面に並び，それぞれ両極から伸びてきた微小管に別々に結合します．

後期：微小管に引かれて，それぞれ2本の相同染色体は別の極へ移動していきます．このとき両極には，父親由来と母親由来の相同染色体が

▼二価染色体
減数分裂第一分裂の前期では，相同染色体どうしが接着する（対合）．この状態の染色体を二価染色体という．二価染色体は4本の染色分体の束となっている．

ランダムに混ぜ合わされた状態で分配されます．

終期：細胞質分裂が起こります．

重要なことは，第一分裂で生じる娘細胞は，相同染色体の一方ずつしかもっていないということです．すなわち，核相は，母細胞（$2n$）の半数（n）となります．

②第二分裂（体細胞分裂とほぼ同じような過程）

前期：第一分裂に引き続き染色体は再び太い短い棒状になります．

中期：縦列した染色体（2本の染色分体）が赤道面に並び，両極から伸びてきた微小管と結合します．

後期：微小管の働きで，それぞれの染色分体はたてに2つに分かれ両極に移動します．

終期：両極に集まったそれぞれの染色体の凝縮はゆるみ，次第に染色質となります．核膜が形成され，細胞質分裂が起きます．

以上，母細胞（$2n$）の1個の母細胞から，2回の分裂を経ることで，最終的に4個の娘細胞（n）が生じます．

2) 減数分裂で生じる多様性

最終的につくられる4つの娘細胞は，相同染色体のいずれかの1本をもちます．染色体ごとに，どの細胞に分配されるかは偶然によって決まります．

①ある生物の染色体が2セット計4本で成り立っている場合（図2.12）

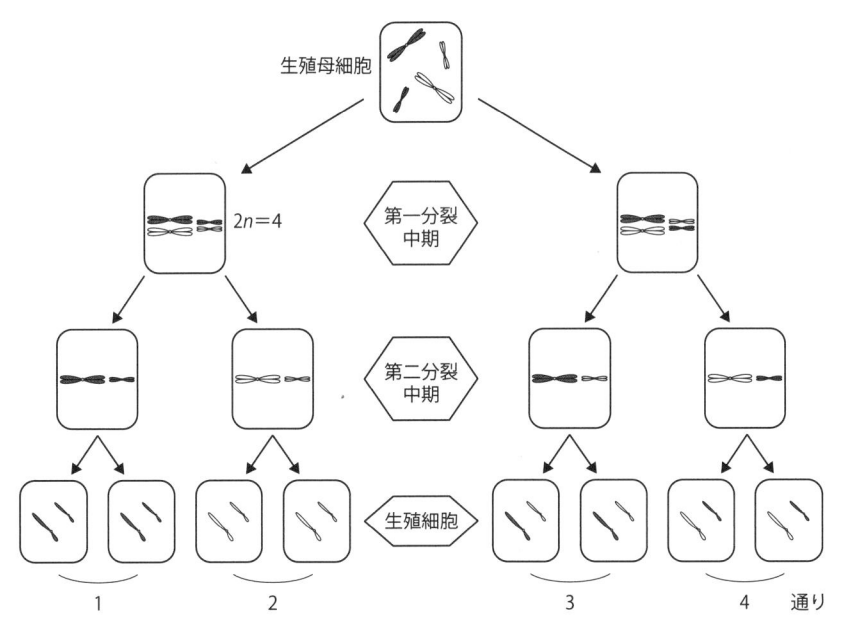

図2.12 減数分裂によって生じる生殖細胞（染色体2セット計4本の場合）
生じる生殖細胞の組合せは4通り．

(a) 乗換えが起こらなかったとき

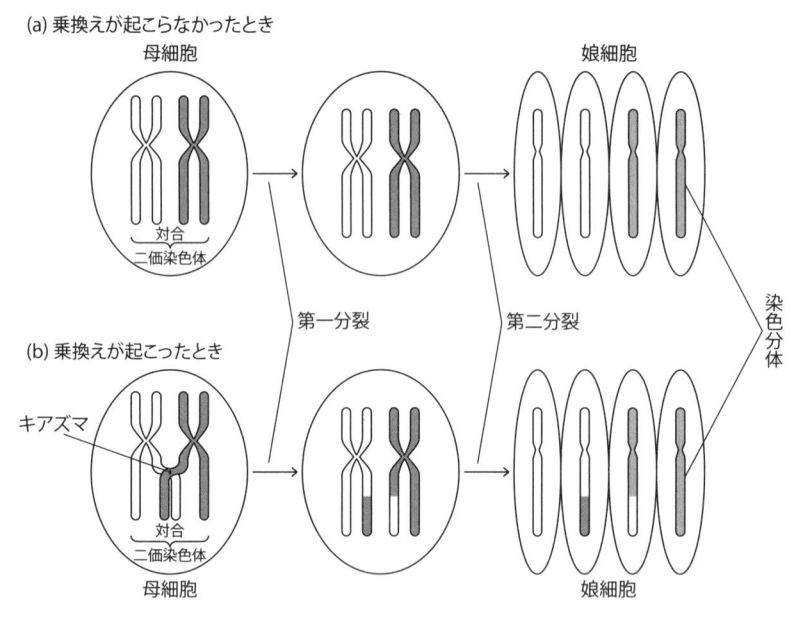

図2.13 遺伝子の乗換え

　減数分裂によって生じる生殖細胞は，$2^2=4$通りの染色体の組み合わせとなり，さらに，両親からの4種類ずつの配偶子がもたらす接合の可能性を加えると$4^2=16$通りとなります．つまり，16通りの異なった染色体をもつ子が生じる可能性が出てきます．

　②ある生物の染色体が3セット計6本で成り立っている場合

　減数分裂によって生じる生殖細胞は，$2^3=8$通りの染色体の組み合わせとなり，さらに，両親からの8種類ずつの配偶子がもたらす接合の可能性を加えると$8^2=64$通りとなります．つまり，64通りの異なった染色体をもつ子が生じる可能性が出てきます．

　3）染色体の乗換えで起こるさらなる多様性（図2.13）

　遺伝子はからだをつくるための設計図のようなものであり，ヒトの場合，その数は約3万といわれています．そのため，1本の染色体には多数の遺伝子が存在しています．同一の染色体に存在する遺伝子は，生殖細胞がつくられる際，染色体が切れない限り一緒に配偶子に分配されます．一方，異なる染色体に存在する遺伝子は，お互いに影響することなく配偶子に分配されます．

　第一分裂の前期では，対合によって相同染色体どうしが近づきます．このとき，染色分体どうしの間で交叉がキアズマ（染色体交叉部位）と呼ばれる点で起これば，染色分体は遺伝物質を部分的に交換することになります．これを染色体の乗換えといいます．これによって，新たな遺伝子の組み合わせができます．これを，遺伝子の組換えといいます．染色体の交換が起こるかどうか，あるいはどの位置で起こるかはまったく

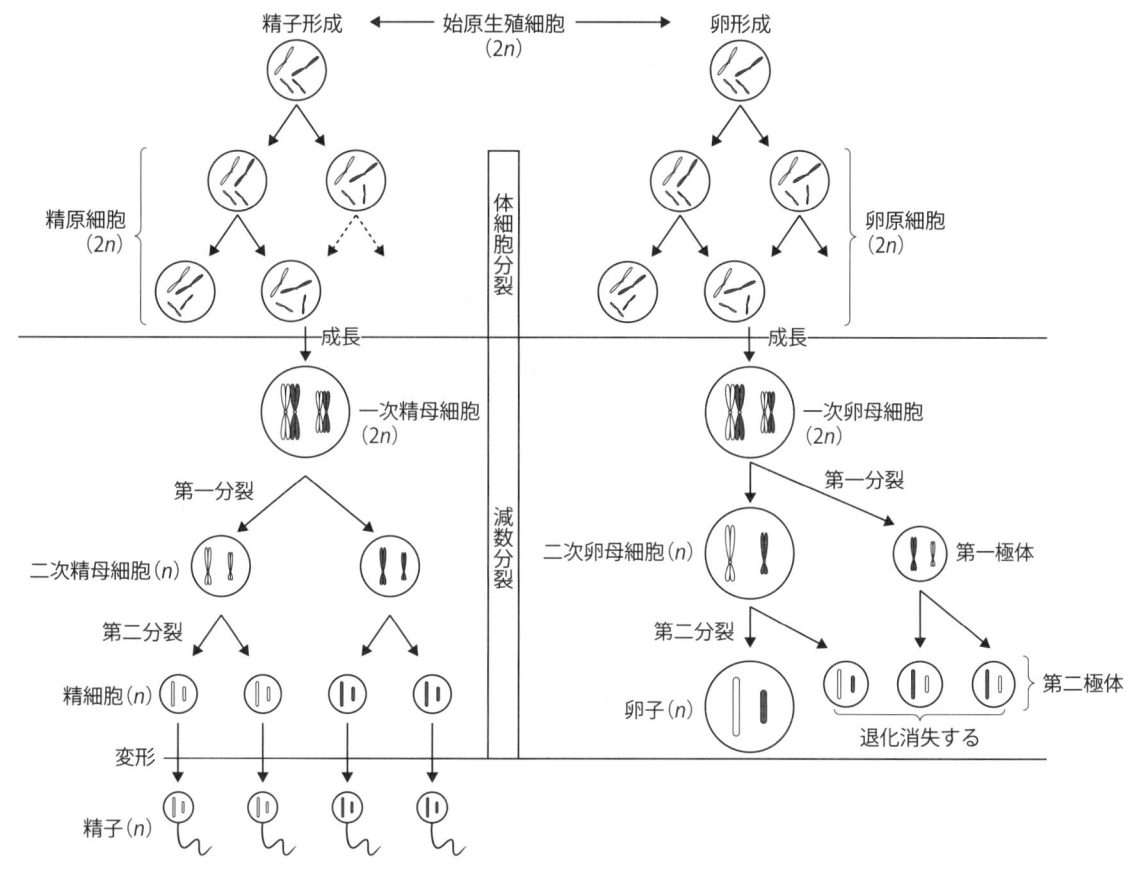

図2.14 精子と卵の形成

偶然に決まります．その結果，生じる配偶子の遺伝子構成はさらに複雑となります．このように，有性生殖とは，遺伝的に多様な新個体を生み出す生殖であるといえましょう．

(3) 精子・卵の形成

動物の生殖では，減数分裂によって配偶子（精子と卵）がつくられます．精子がつくられる過程を精子形成，卵がつくられる過程を卵形成と呼びます．高等動物では，配偶子形成は生殖腺で行われ，雄では精巣内で精子が，雌では卵巣内で卵が形成されます．

精子や卵をつくるもとになる細胞は，始原生殖細胞と呼ばれ，やがて精原細胞あるいは卵原細胞へと変化していきます．

1) 精子の形成

青年期に達すると，精巣では精原細胞は体細胞分裂を繰り返し増殖し，精原細胞のストックをつくっていきます．その後，精原細胞は大きく成長し一次精母細胞になります（図2.14）．

ここから先が減数分裂の過程となります．一次精母細胞は，減数分裂

の第一分裂で2個の二次精母細胞，続いて，第二分裂で4個の精細胞になります．最終的に，精細胞は大きな形態的な変化を起こし，精子となります．精子の大きさや形は種によって異なりますが，一般に，遺伝情報（核），運動性（運動のためのべん毛やエネルギー産生のためのミトコンドリア），卵に入るための機能（核の融合に必要な中心体や卵膜との融合に必要な酵素）を備えています*．

2) 卵の形成

卵巣が形づくられる胎生期，卵巣内の卵原細胞は体細胞分裂を繰り返し増殖します．その後，栄養分を蓄えて巨大な一次卵母細胞になり，次いで，減数分裂を開始しますが，第一分裂前期ですぐに休止します．この休止期間は長く，思春期になるまで続きます．

初期の卵の形成はこのように胎児期に進みます．発生初期には一次卵母細胞は700万個もつくられますが，その後多くは退化し，出生時には第一分裂前期まで進んだ卵が200万個，思春期には40万個程度にまで減少します．思春期になり，性成熟に伴うホルモン環境の変化によって，約1ヵ月に1個の割合で一次卵母細胞が減数分裂を再開し，第二分裂中期に排卵されます．分裂しながら輸卵管を通り，受精後に第二分裂を完了します．

卵形成における減数分裂第一分裂では，2つの娘細胞がつくられますが，娘細胞への細胞質の分配は著しく不等です．つまり，一方のみが細胞質を独占し一次卵母細胞と大きさのほとんど変わらない二次卵母細胞となり，他方は核の周囲にわずかの細胞質をもった第一極体となります．さらに，減数分裂第二分裂でも，二次卵母細胞からは大きな1つの卵と第二極体，第一極体からは2個の第二極体を生じます．減数分裂を経て，1つの卵と3個の極体がつくられますが，最終的に，極体は受精することなく消失してしまいます．

一般に，卵は大きな細胞で，運動性はありません．また，細胞質には，初期の成長に必要な栄養分である卵黄やエネルギー源であるミトコンドリアなどが蓄えられています．鳥類や爬虫類の卵は大きく，直径10数cmに及ぶものもあります．一方，ヒトの卵は直径100μmと小型です．これは，胎盤を介して母体から栄養が補給されるために，卵黄を蓄えておく必要がないためです．

▼精子の構造
精子は，頭部，中片・尾部の3つからなる．頭部の大部分は核が占め，さらに先端には先体が存在する．ここには，受精の際，精子が卵と融合するための物質が含まれている．中片には中心体やミトコンドリアがあり，この部分から尾部である細いべん毛が出る．

第3章 遺伝と変異

1. 表現型と遺伝子型

　生物がもつ形や性質を**形質**または**表現型**といい，形質には，色，形，大きさなど一見してわかるものからABO式血液型のように調べないとわからないものまで，さまざまなものがあります．また，形質の中で遺伝するものを**遺伝形質**といいます．遺伝形質の情報がのっている遺伝子の染色体の占める位置を**遺伝子座**といいます．ヒトの体細胞は，母由来，父由来の大きさと形が同じ染色体が2本ずつあるので**二倍体**といい，この対になる染色体を**相同染色体**といいます．ある遺伝子座を占める遺伝子の塩基配列は，つねに同じというわけではなく，少し異なっている場合があります．異なる場合の一つ一つを**対立遺伝子**（アレル，allele）といい，対立遺伝子によって現れる対になった形質（表現型）を**対立形質**といいます．また，個体のもつ遺伝子の構成を**遺伝子型**（genotype）といい，ヒトは二倍体ですので，遺伝子型は AA, Aa, aa のように表せます．着目する遺伝子座の遺伝子型が同じ場合（AA または aa）を**ホモ接合**，違う場合（Aa）を**ヘテロ接合**といいます．

2. メンデルの遺伝の法則

　遺伝様式に法則性を見つけたのが**メンデル**※です．メンデルはエンドウを栽培して実験を行い，優性の法則，分離の法則，独立の法則を見つけました．エンドウの花はおしべとめしべがともに花弁に包まれているため，自然状態で自家受粉し（→自家受精※），子孫に同じ形質しか現れない純系を比較的容易に得られるのが特徴でした．

(1) 優性の法則

　メンデルは，種子の形が丸形かしわ形かという対立形質をもつ純系のエンドウ（親世代：P）を交配する実験を行いました．すると，できた種子（**雑種第1代**※：F_1）の形はすべて丸形になりました．つまり，F_1では一方の形質が現れ対立する形質が現れないことを発見したのです．この例では，F_1に現れる丸形の形質を**優性**，現れないしわ形の形質を**劣性**といいます．ここでいう優性，劣性とは性質が優れている，劣っているという意味ではないことを注意してください．あくまでも F_1 に現

▼グレゴール・ヨハン・メンデル
　（Gregor Johann Mendel：1822-84）
オーストリアの司祭．修道院の庭でエンドウを観察し，遺伝の法則性をみつけ1865年に発表した．しかし，当時は成果が受け入れられず，メンデルの死後，18年たって3人の研究者によってメンデルの遺伝の法則は再発見され，認知されるに至った．

▼自家受精
自分の卵細胞と自分の精細胞が受精すること．

▼雑種第1代
交雑によって生じる第1代目の子を雑種第1代といい，F_1で表す．Fはラテン語の filius（子）の略．親はPで表すが，これはラテン語の parens から来ている．さらに，雑種第1代の自家受精によってできる子を雑種第2代（F_2）という．

れる形質か現れない形質かということです．このように，対立形質に関して互いに純系である両親(P)の交配で生じるF_1には，優性の形質だけが現れます．これが**優性の法則**です．もう少し難しくいうと，ヘテロ接合で現れる形質を優性，ホモ接合になって現れる形質を劣性といいます．

(2) 分離の法則

メンデルは次に，F_1を自家受粉させてできた種子（雑種第2代：F_2）の形質を調べるとF_1にはみられなかったしわ形の種子が現れ，丸形としわ形がほぼ3：1の割合になることをみつけました．理由を考えてみましょう．まず，P世代の丸形純系の遺伝子型をRR，しわ形純系の遺伝子をrrとします（図3.1）．丸形のPの配偶子の遺伝子型はR，しわ形のPの配偶子の遺伝子型はrになります．したがって，Pどうしを交配すると，F_1の遺伝子型はすべてRrとなり，優性形質の丸形が現れます．F_1の遺伝子型はRrですので，配偶子の遺伝子型はRかrです．減数分裂によって配偶子がつくられるとき，1対の相同染色体は分かれて

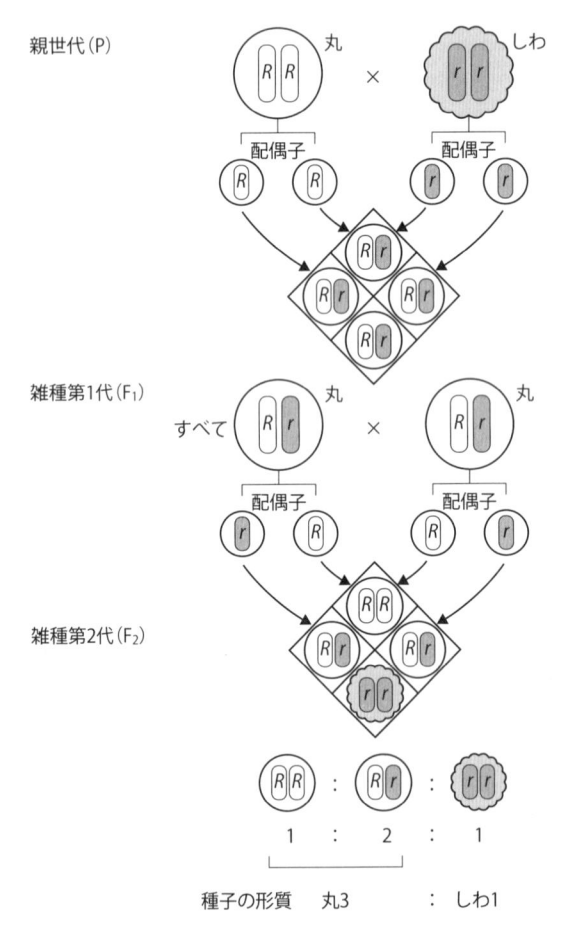

図3.1 優性の法則と分離の法則

別々の配偶子に入ります．これが**分離の法則**です．受粉がランダムに起こると考えると，図3.1のようにF_2の遺伝子型は$RR:Rr:rr$が$1:2:1$になります．遺伝子型RRとRrの形質は丸形となり，rrの形質がしわ形になるため，表現型では丸形としわ形は$3:1$になります．

(3) 独立の法則

メンデルは1対の対立形質に関係する現象だけでなく，2組またはそれ以上の形質についても実験を行いました（図3.2）．種子の形に加えて子葉の色にも着目し，丸形で黄色の種子をつくる純系の個体としわ形

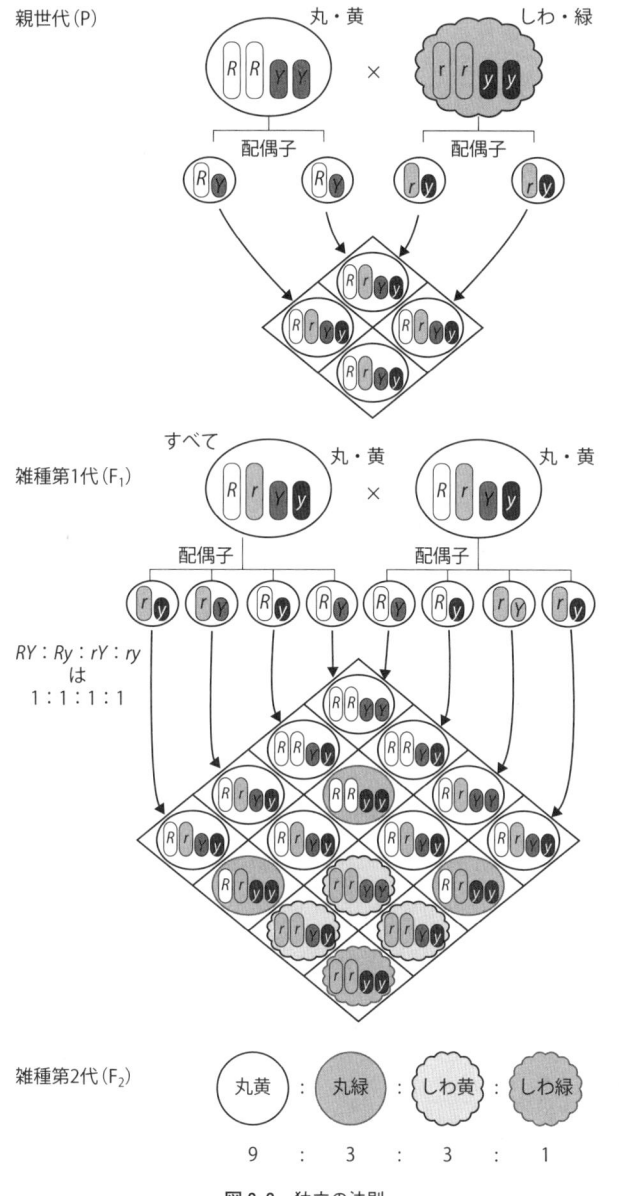

図 3.2 独立の法則

で緑色の種子をつくる純系の個体を交配しました．その結果，F_1 はすべて丸形黄色になり，次に F_1 を自家受粉すると F_2 は丸形黄色：丸形緑色：しわ形黄色：しわ形緑色が 9：3：3：1 の割合になりました．F_2 を丸形かしわ形かという形質でみると丸形：しわ形は 3：1，黄色か緑色かという形質でみると黄色：緑色は 3：1 となっていて，形の形質と色の形質は互いに影響し合うことなく独立に遺伝していることがわかりました．形の対立遺伝子を R と r，色の対立遺伝子を Y と y とし，図 3.2 に示すように，それぞれ異なる相同染色体にあるとき，2 組の相同染色体は独立に行動し，F_1 の配偶子の遺伝子型は $RY：Ry：rY：ry$ が 1：1：1：1 の割合で生じます．このように，対立遺伝子が何組あっても，それらがすべて異なる相同染色体にある場合，それぞれの相同染色体は影響し合うことなく独立に配偶子に入ります．これが**独立の法則**です．

(4) 連鎖と独立

第 2 章で述べたとおり，染色体の数に対して遺伝子の数はとても多いので，着目する複数形質の遺伝子は同一染色体上に存在することもあります．別々の染色体にある遺伝子の形質は独立の法則に従って遺伝しますが，同一染色体上に存在する場合は，1 組になって遺伝することもあるので独立の法則が当てはまらなくなります．同一の染色体に存在し，一緒に遺伝する場合，遺伝子は**連鎖**しているといい，異なる染色体に存在する遺伝子は**独立**しているといいます．

(5) メンデル遺伝病

1 つの遺伝子の異常により必ず発症する病気（単一遺伝子疾患）でメンデル遺伝様式をとる病気を，メンデルの名前をとりメンデル遺伝病といいます．原因遺伝子がどの染色体にあるか優性形質なのか劣性形質なのかによって，常染色体優性遺伝，常染色体劣性遺伝，X 連鎖性優性遺伝，X 連鎖性劣性遺伝，Y 連鎖性遺伝に分けることができます．

1) 常染色体優性遺伝（図 3.3）

両親のどちらかが病気の場合は，子供は性別に関係なく 50％ の確率で病因遺伝子が遺伝し，病気が発症します．ハンチントン舞踏病*などはこの遺伝形式です．

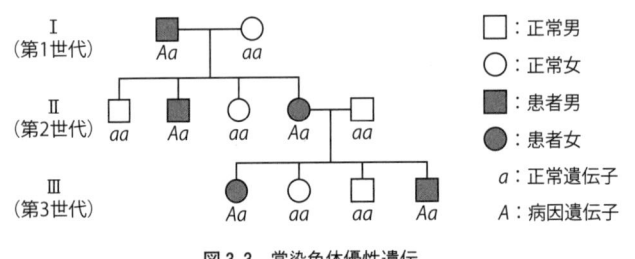

図 3.3　常染色体優性遺伝

▼ハンチントン舞踏病
神経変性疾患で，舞踏運動などの不随意運動，精神症状，行動異常，認知障害などが臨床像．4 番染色体上のハンチンチン遺伝子が病因遺伝子で，遺伝子の繰り返し配列の CAG の回数が増えることによりたんぱく質にグルタミン酸の数が増えハンチンチンたんぱく質が変化して発病する．

2) 常染色体劣性遺伝（図3.4）

病因遺伝子をもっていてもヘテロ接合体の場合は発症せず，保因者になります．正常遺伝子をA，病因遺伝子をaで表すとAAは正常，Aaは保因者，aaが病気になります．保因者どうし（$Aa \times Aa$）の子供は性別に関係なく25％が病気（aa）になり，25％は正常（AA），50％が保因者（Aa）になります．フェニルケトン尿症*，シスチン尿症，鎌形赤血球症*などはこの遺伝形式です．

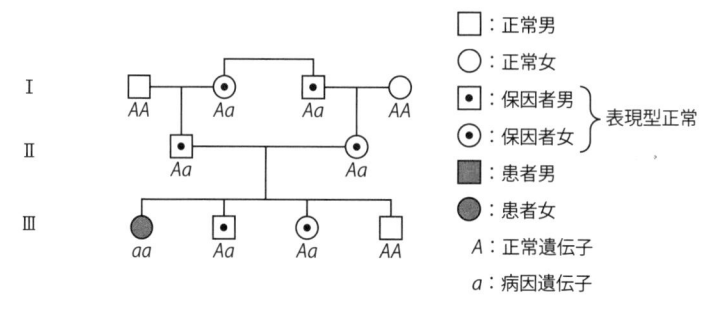

図3.4 常染色体劣性遺伝

3) X連鎖性優性遺伝（図3.5）

X染色体上に病因遺伝子があり，優性形質のものです．男性の性染色体はXY，女性はXXですので，正常遺伝子をa，病因遺伝子をAで表すと$X^A Y$でも$X^A X^a$でも病気になります．したがって，母親が病気（ヘテロ接合体）の場合は，男女ともそれぞれ50％の確率で病因遺伝子が遺伝し，病気が発症します．また，父親が病気の場合は，娘には病気が遺伝しますが息子には遺伝しません．

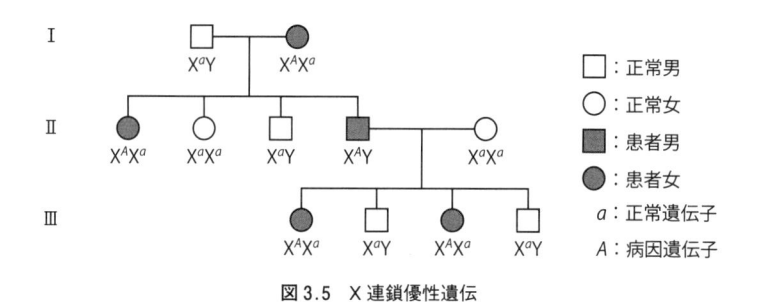

図3.5 X連鎖優性遺伝

4) X連鎖性劣性遺伝（図3.6）

X染色体上に病因遺伝子があり，劣性形質のもので伴性遺伝ともいいます．正常遺伝子をA，病因遺伝子をaで表すと，男性が病因遺伝子をもつと$X^a Y$となり必ず発症し，女性は$X^A X^a$で保因者となります．女性はホモ接合の$X^a X^a$で発症します．正常男性と保因者女性の子供の男性は50％の確率で発症しますが，女性は発症はせず，50％の確率で保因者となります．血友病*や赤緑色覚異常などはこの遺伝形式です．

▼フェニルケトン尿症
先天性アミノ酸代謝異常症の1つ．フェニルアラニンをチロシンにかえるフェニルアラニン水酸化酵素遺伝子（12番染色体）の変異によって起こる．蓄積したフェニルアラニンがフェニルケトン体に代謝され尿中に排泄される．血中フェニルアラニンが増加した状態が持続すると精神発達遅滞，運動発達遅滞，痙攣などが生じる．

▼鎌形赤血球症
11番染色体上のβ-グロビン遺伝子がミスセンス変異（次ページ参照）によりアミノ酸がグルタミン酸からバリンに変異する．変異グロビンを含むヘモグロビンSは低酸素分圧下で結晶化し赤血球は鎌状になる．鎌形赤血球は脾臓で破壊され溶血性貧血を起こす．

▼血友病
X染色体上の血液凝固に関わる第Ⅷ因子遺伝子によるA型と第Ⅸ因子遺伝子によるB型がある．第Ⅷ因子遺伝子の変異は多様であり，染色体逆位，遺伝子のミスセンス変異，ナンセンス変異，欠失，挿入などがある．

50　第3章　遺伝と変異

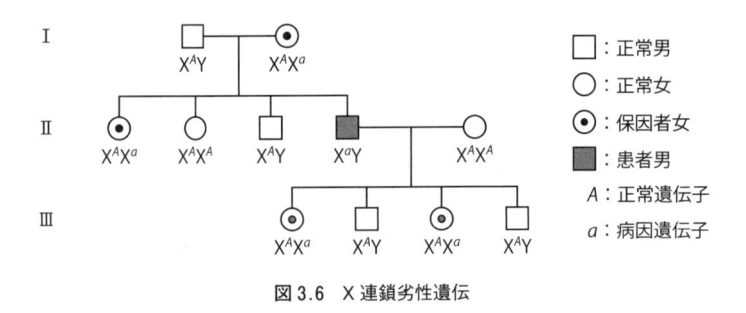

図3.6　X連鎖劣性遺伝

I　X^A Y　　X^A X^a
II　X^A X^a　X^A X^A　X^A Y　X^a Y　X^A X^A
III　X^A X^a　X^A Y　X^A X^a　X^A Y

□：正常男
○：正常女
◉：保因者女
■：患者男
A：正常遺伝子
a：病因遺伝子

5）Y連鎖性遺伝（図3.7）

Y染色体上に病因遺伝子があるものです．父親から息子に遺伝し，父系遺伝します．女性は発症しません．

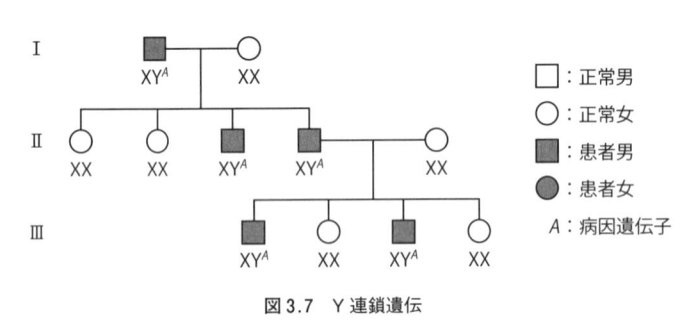

図3.7　Y連鎖遺伝

I　XY^A　XX
II　XX　XX　XY^A　XY^A　XX
III　XY^A　XX　XY^A　XX

□：正常男
○：正常女
■：患者男
●：患者女
A：病因遺伝子

3．突然変異

突然変異には，遺伝子に生じる遺伝子突然変異と，染色体に起こる染色体突然変異があります．

（1）遺伝子突然変異（図3.8）

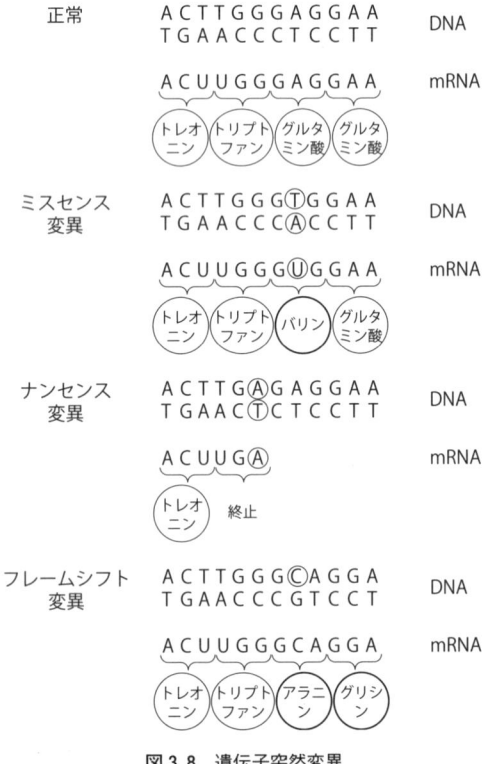

遺伝子突然変異の中で1塩基の置き換わりのことを**点突然変異**といいます．遺伝子の翻訳領域（アミノ酸に翻訳される領域）に変異が起きた場合，塩基置換によってアミノ酸が変化する場合を**ミスセンス変異**，変化しない場合を**サイレント変異**，終止コドンになる場合を**ナンセンス変異**といいます．ナンセンス変異が起こると，本来できるはずのたんぱく質より大きさの小さいたんぱく質が合成されます．また，遺伝子の翻訳領域に塩基の挿入や欠失が起こった場合は，その後のコドンの読み枠がずれるか否かが問題です．塩基が1

正常
ACTTGGGAGGAA　DNA
TGAACCCTCCTT
ACUUGGGAGGAA　mRNA
（トレオニン）（トリプトファン）（グルタミン酸）（グルタミン酸）

ミスセンス変異
ACTTGGG⓸GGAA　DNA
TGAACCC⓸CCTT
ACUUGGG⓾GGAA　mRNA
（トレオニン）（トリプトファン）（バリン）（グルタミン酸）

ナンセンス変異
ACTTG⓸GAGGAA　DNA
TGAAC⓸TCTCCTT
ACUUG⓸　mRNA
（トレオニン）　終止

フレームシフト変異
ACTTGGG©AGGA　DNA
TGAACCCGTCCT
ACUUGGGCAGGA　mRNA
（トレオニン）（トリプトファン）（アラニン）（グリシン）

図3.8　遺伝子突然変異

つか2つ，挿入または欠失すると読み枠がずれてしまい（**フレームシフト変異**），その後のアミノ酸の配列が変化してしまいます．逆に，3の倍数の塩基が挿入または欠失すると読み枠はそのままになります．遺伝子突然変異がたんぱく質の機能に影響を与えるかどうかは，突然変異の位置と変化の仕方に依存します．たとえば，ミスセンス変異でアミノ酸が変化しても，ロイシンからイソロイシンのように性質の似たアミノ酸に変化すればたんぱく質の機能に影響がない場合が多いですし，塩基性アミノ酸のリシンから酸性アミノ酸のグルタミン酸に変化すればたんぱく質の高次構造に影響を与え，機能を失う場合もあります．また，変異の場所が活性やたんぱく質相互作用に重要な領域であれば，機能に変化を与えるかもしれませんし，ポリペプチド鎖の末端の場合は，機能に変化がないかもしれません．したがって，遺伝子突然変異がすべて遺伝子産物に影響するわけではありません．

(2) 染色体突然変異

染色体突然変異は，染色体の数の異常，形態の異常があります．数の異常を**数的異常**，形態の異常を**構造異常**といいます．

1) 数的異常

数の異常には，染色体数が正常個体と比べて増減した状態を異数性といいます．たとえば，正常のヒトの場合，相同染色体は2本ずつありますが，21番染色体が3本ある場合が異数性にあたります．相同染色体

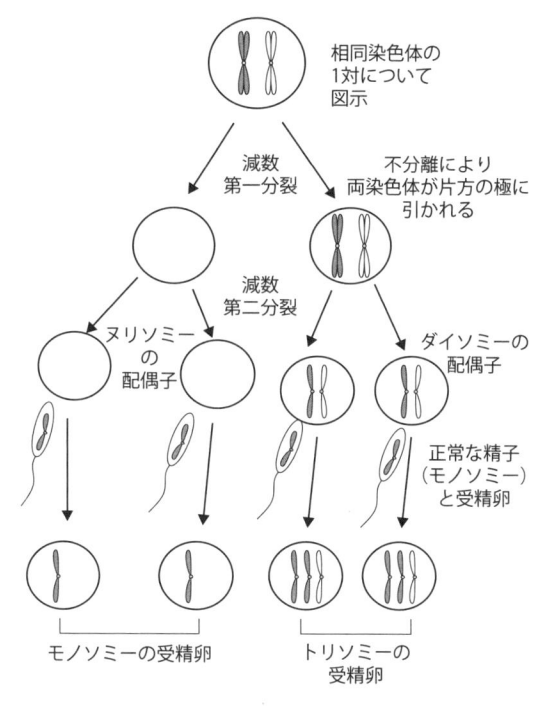

図3.9 染色体不分離は異数性の原因

が1本しかない場合をモノソミー，3本ある場合を**トリソミー**といいます．このような個体は，配偶子をつくる際の減数第1分裂で染色体不分離が起こることが原因と考えられています（図3.9）．また，染色体不分離は精子形成過程より卵細胞形成過程に多く起こり，母体年齢が高くなるほど頻度が高くなります．ヒトの場合は，常染色体はいずれもモノソミーでは出生には至りませんが，21, 18, 13番染色体のトリソミーは出生が可能です（→21-トリソミー症候群*）．しかし，常染色体1本には多くの遺伝子があるため，トリソミーでは遺伝子産物量に差が生じ，精神発達遅滞，身体発達遅滞がほぼすべての症例で観察されます．

染色体数が基本数の3倍，4倍等になる関係を倍数性といい，そのような個体を倍数体といいます．ヒトの場合では，1つの卵細胞に2つの精子が受精する2精子受精によって三倍体が生じることがありますが，自然流産になります．魚や植物では倍数体の個体がみられることが多いです．魚類では三倍体を作成し，体の大きな魚を養殖することが試みら

▼21-トリソミー症候群
ダウン症候群ともいう．独特の特異顔貌（扁平な後頭，眼瞼裂斜上，内眼角贅皮，両眼離開，扁平な鼻根，耳介変形），精神発達遅滞，運動発達遅滞，心奇形などが臨床像．出生頻度が800人に1人と高く，母親年齢が高いほど頻度が上昇する．

▼テロメア（ter）
染色体の末端にある特殊な繰り返し構造をもつDNAを中心とする構造（末端小粒）．細胞分裂の度にDNA複製に伴うテロメアの短縮が起こる．寿命の回数券とよばれ出生時約1万塩基のテロメアDNAの長さが加齢とともに短縮し約5000塩基となると寿命に達する．

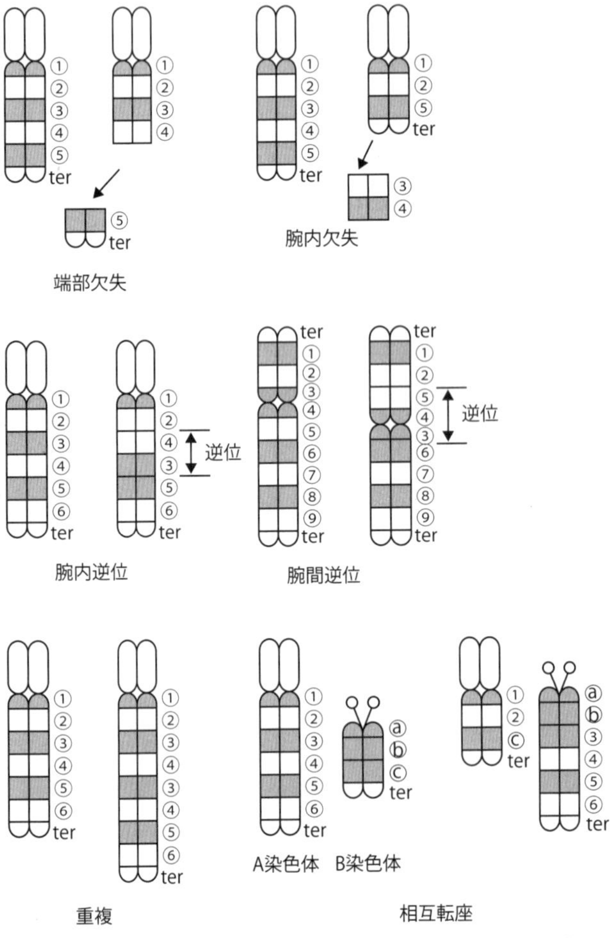

図3.10 染色体の構造異常

れていますし，スイカでは，四倍体と二倍体を交配し，種なしスイカ*をつくる例があります．

　2）構造異常

染色体の一部が欠ける欠失，逆転する逆位，繰り返す重複，入ってしまう挿入，非相同染色体の断片が交換する相互転座があります（図3.10）．

(3) 体細胞突然変異と生殖細胞突然変異

生物体を構成する体細胞に後天的に突然変異が起こったものを体細胞突然変異といい，体細胞突然変異によって生じる細胞にがん細胞があります．体細胞突然変異は子孫に伝わることはありません．ところが突然変異が生殖細胞に起こるとその個体には影響は現れませんが，遺伝情報は子孫に伝わり，次の代に影響が現れます．

(4) 突然変異が起こる原因

遺伝子突然変異が起こる原因としては，DNA複製時の誤りと外因性または内因性の有害物質によるものがあります．DNAに突然変異を起こさせる物質を**変異原**といいます．外からの変異原には紫外線があります．紫外線はDNAの隣り合った塩基のTとT，CとC，TとCの間で二重結合をつくります．これにより，二本鎖の相補的な塩基との水素結合がつくれなくなり，DNA複製の際に誤った塩基が取り込まれます．また，ニトロソアミンは塩基にメチル基やエチル基を付加し，これにより二本鎖の相補的な塩基との水素結合がつくれなくなり，誤った塩基対が生じます．体内からの変異原には細胞の呼吸によって生じる**活性酸素***があります．塩基を酸化することにより誤った塩基が取り込まれます．

DNAの突然変異が細胞の間期に起こると染色体の構造異常，分裂期に起こると数的異常の引き金となります．

4. 遺伝情報とその発現

(1) 遺伝情報を担う物質

ヒトの体細胞は，母由来，父由来の大きさと形が同じ染色体が2本ずつあり，ここに遺伝情報が書き込まれています．また，染色体以外に，ミトコンドリアという細胞内小器官の中にも少し遺伝情報があります．生物が個体として生命活動を営むのに必要なすべての情報の最小セットを**ゲノム**（genome）といい，ヒトの場合は，1番染色体から22番染色体までの22種類の常染色体，X染色体，Y染色体，**ミトコンドリアDNA***がゲノムにあたります．

▼種なしスイカ
二倍体のスイカを発芽後にコルヒチン処理し，四倍体にする．四倍体の雌しべに二倍体の花粉を受粉させ，三倍体の種子をつくる．この三倍体を育てスイカをつくると種子が正常に発育しないため，種なしスイカになる．

▼活性酸素
化学反応性の高い酸素原子を含む低分子物質．ROS（reactive oxygen species）と略称される．狭義にはスーパーオキシドアニオン，ヒドロキシラジカル，過酸化水素，一重項酸素の4者を意味するが，一酸化窒素なども含める場合がある．ROSは核酸のグアニンを酸化して遺伝子の変異を起こし，老化やがんの原因となる．また低密度リポたんぱく質（LDL）を酸化型LDLに変えて動脈硬化の大きな原因となる．

▼ミトコンドリアDNA
ミトコンドリアのマトリックス存在する環状二本鎖DNAであり16,569塩基対の大きさである．遺伝子は37個あり，電子伝達系に関わるたんぱく質の遺伝子が13個，固有のたんぱく質合成のためのtRNA遺伝子が22個，rRNA遺伝子が2個である．

	塩基		五炭糖	
	プリン塩基	ピリミジン塩基		
DNA	アデニン(A) グアニン(G)	チミン(T) シトシン(C)	2′-デオキシリボース	リン酸
RNA	アデニン(A) グアニン(G)	ウラシル(U) シトシン(C)	リボース	リン酸

←――――― ヌクレオシド ―――――→
←――――――― ヌクレオチド ―――――――→

図 3.11 DNA と RNA の構造の違い

1) 核酸の構成単位（図 3.11）

遺伝情報を担う物質が **DNA**（デオキシリボ核酸：deoxyribonucleic acid）です．DNA は核酸の一種であり，核酸は，**ヌクレオチド**（nucleotide）が構成単位であり，DNA と **RNA**（リボ核酸：ribonucleic acid）に大別されます．塩基に糖が結合したものを**ヌクレオシド**（nucleoside），ヌクレオシドにさらにリン酸が結合したものをヌクレオチドといい核酸の構成単位です．DNA，RNA ともに，ヌクレオチドが多数結合したポリヌクレオチドです．DNA と RNA では構成成分の塩基と糖が異なっており（図 3.11），DNA を構成する塩基はアデニン（A），グアニン（G），シトシン（C），チミン（T）の 4 種類ですが，RNA にはチミンの代わりにウラシル（U）を含む 4 種類です．また塩基を種類で分けると，A と G はプリン塩基，C，T，U はピリミジン塩基といいます．RNA を構成する糖は五炭糖のリボースですが，DNA の糖はリボースの炭素の 2′ 位が脱酸素された 2′-デオキシリボースです（図 3.12）．

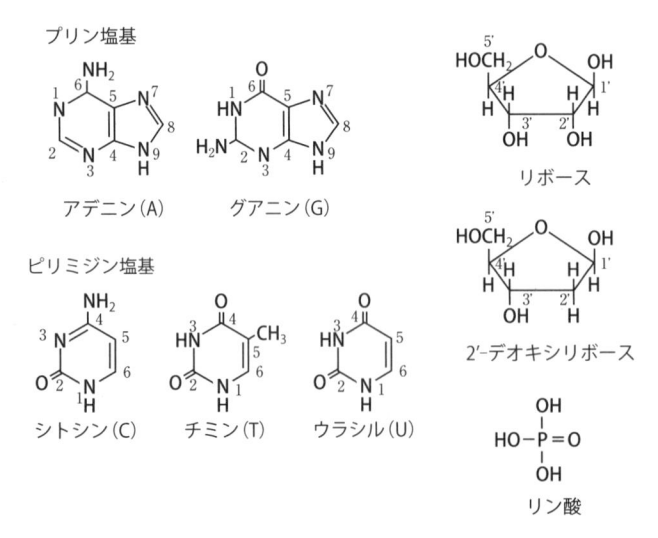

図 3.12 核酸の構成成分

2) 核酸の構造

2'-デオシキリボース（またはリボース）の 1' 位の炭素には塩基が結合し，5' 位の炭素にリン酸基が結合してヌクレオチドを構成しています（図 3.13）．ヌクレオチドとヌクレオチドは，2'-デオシキリボース（またはリボース）の 3' 位の炭素のヒドロキシ（OH）基と 5' 位の炭素に結合しているリン酸基で 3'-5' リン酸ジエステル結合でつながっています（図 3.14）．したがって，核酸には方向性がありポリヌクレオチド鎖の片端を 5' 末端，もう片端を 3' 末端とよびます．

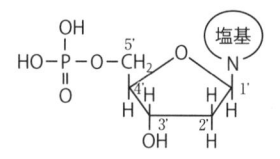

図 3.13 デオキシリボヌクレオチド

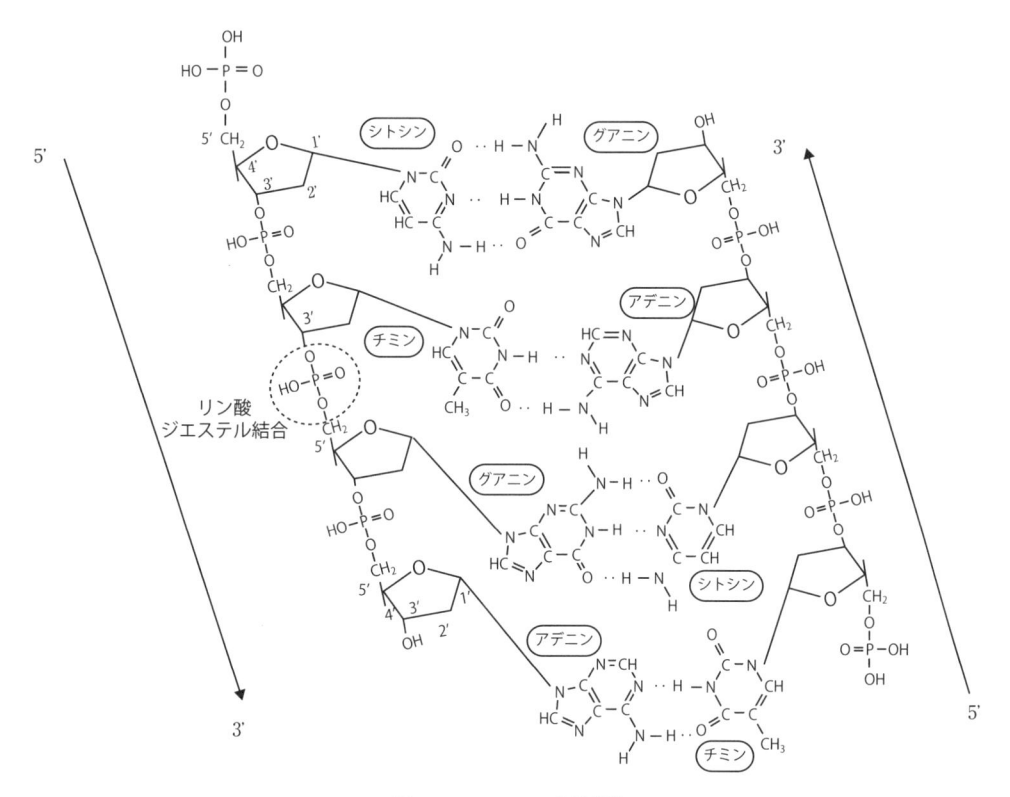

図 3.14 DNA の二本鎖構造

3) 塩基の相補性

塩基のグアニンはシトシンと，アデニンはチミン（またはウラシル）と決まった相手と水素結合で結合します．この一方の塩基が決まると，もう一方の塩基も自動的に決まる性質を**相補性**（complementarity）といいます．また，A と T は 2 ヵ所，G と C は 3 ヵ所で水素結合します（図 3.14）．そして，DNA は逆向きの 2 本鎖が互いに内側に出ている塩基どうしが水素結合によって結合し，二重らせん構造を形成しています．

4) DNA の高次構造

1個の細胞の DNA をつなぎ合わせると長さは2mにもなり，核内に収納されるためには凝縮されなければなりません．DNA は核たんぱく質である**ヒストン***とともに折りたたまれクロマチン構造をとります．ヒストンは塩基性アミノ酸を多く含み正に荷電し，DNA の負荷電を中和し結合しています．折りたたみ構造の基本単位をヌクレオソームといい，ヒストン八量体（ヒストン H2A，H2B，H3，H4，各2分子）に約146 ヌクレオチドの DNA が2回転巻きつけて凝縮しています．さらに数珠状構造で**ヌクレオソーム**が積み重なり直径 30 nm クロマチン繊維（ソレノイド構造）になり，次にループ構造を形成しさらに折りたたまれます（図 3.15）．高度に凝縮したクロマチンは細胞分裂期には染色体として光学顕微鏡で観察可能になります．

▼ヒストン
真核細胞の核内 DNA と複合体を形成している塩基性の単純たんぱく質．5種類の成分分子 H1，H2A，H2B，H3，H4 からなり，このうち，H2A，H2B，H3，H4 の4種はそれぞれ2分子が集まりヒストン8量体を形成する．

▼ヌクレオソーム
クロマチン（染色質）の基本構成単位．ヒストンに146塩基対からなる DNA が2周巻きついた構造．これが，数珠状に連なってクロマチンをつくる．

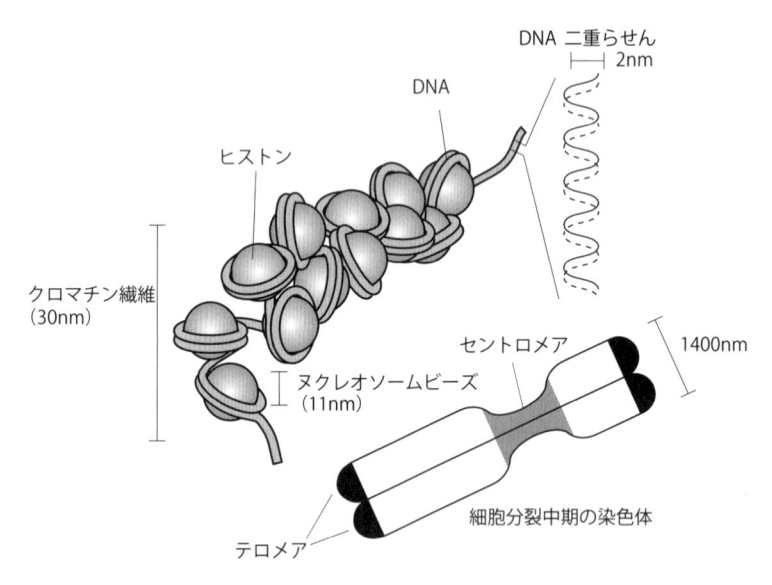

図 3.15 染色体の構造

(2) DNA の複製

1) 半保存的複製

体細胞分裂の際，母細胞の DNA はまったく同一の DNA が合成され，娘細胞に分配されます．DNA の合成のことを複製といいます．DNA が複製されるとき，ヌクレオチドとヌクレオチドを任意につなげるという反応は体内では起こりません．必ずもとの DNA の二本鎖が1本ずつに分かれ，鋳型となって，相補的な塩基配列をもつヌクレオチド鎖が新しくつくられます．こうして複製された DNA はもとの DNA とまったく同一の塩基配列をもち，もとの DNA を構成していたヌクレオチド鎖と新しく合成されたヌクレオチド鎖の組合せになります．このような複製の仕方を**半保存的複製**といいます（図 3.16）．

2) 複製の仕組み（図3.17）

DNA はデオキシヌクレオチドが結合したものですが，DNA を合成する際には4種類のデオキシヌクレオチド三リン酸が必要です．つまり，dATP（デオキシアデノシン三リン酸），dCTP, dGTP, dTTP が必要です．しかし，DNA に取り込まれるのはヌクレオチドですから，不要なリン酸基2個はピロリン酸（二リン酸）として除かれます．

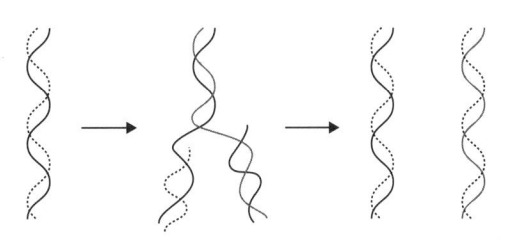

図3.16　半保存的複製

DNA は二本鎖構造をしていますので，複製開始は二重らせん間の水素結合が DNA ヘリカーゼによって切られることによって始まります．また，DNA を合成する DNA ポリメラーゼは二本鎖になっている核酸の 3' 末端にヌクレオチドを付加するという合成の仕方をします．水素結合を切られて一本鎖になった DNA には相補的な塩基配列をもつ短い RNA（プライマー）が合成されます．これによって，DNA と RNA の二本鎖の部分ができるので，RNA の 3' 末端にデオキシリボヌクレオチドを付加し，5' から 3' の方向に DNA を合成します．

DNA の二重らせんがほどけていく方向に連続的に合成が進む鎖を**リーディング鎖**といいます．もう一方の鎖はらせんがほどけるのと逆向きに合成が進むので，短い DNA がいくつもつくられることになります．この断片は発見者の岡崎令治*の名前がついており，岡崎フラグメントといいます．初めに合成されたプライマーは RNA ですので分解され，不連続に合成された岡崎フラグメントは DNA リガーゼによってつなぎ

▼岡崎令治
1930年生まれ，日本の分子生物学者．1966年に DNA の合成前駆体である岡崎フラグメントを発見し報告．1975年，広島での被爆が原因の白血病で急逝．

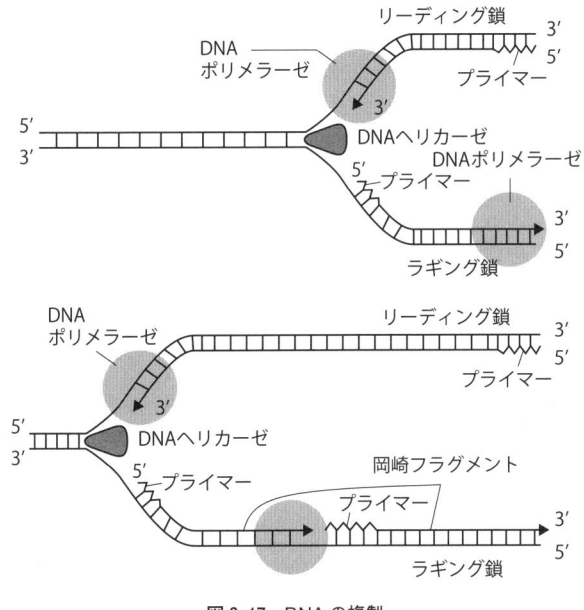

図3.17　DNA の複製

合わされ1本の新生DNAになります．岡崎フラグメントがつくられる側の鎖をラギング鎖といいます．

(3) たんぱく質の合成

1) 転写（図3.18）

DNAにはすべての遺伝情報が書き込まれていますが，その合成に必要な部分だけがRNAに転写され，たんぱく質に翻訳されます．真核生物のDNAは核内にありますので転写は核内で行われます．DNA上には転写開始部位の近くに転写の開始を指示する塩基配列があります．この領域はコアプロモーターと呼ばれ，転写開始の際には複数の基本転写因子（TFⅡA～H）というたんぱく質がDNAのコアプロモーター配列に結合し転写開始複合体を形成します．これらの基本転写因子をRNA合成酵素（RNAポリメラーゼⅡ）が認識し，転写開始複合体に加わります．基本転写因子の中にはDNAの二本鎖間の水素結合を切断する酵素活性をもつものがあり，DNAの二重らせん構造が開裂し，一本鎖となり鋳型になる準備が整います．次に基本転写因子がRNAポリメラーゼⅡを活性化し，転写が開始されます．しかし，DNA上のコアプロモーター配列は転写開始点を決めるものであり，転写の基本効率を決めるプロモーター配列，さらに促進させるエンハンサー配列，抑制に働くリプレッサー配列などにより転写量が決められています．

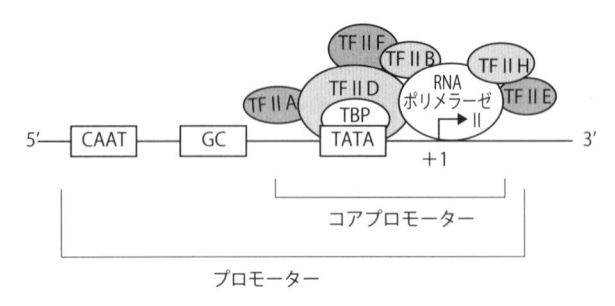

図3.18 転写開始

2) mRNAのプロセシング（図3.19）

DNAを鋳型に5'から3'方向に **mRNA***が合成されますが，mRNAはさまざまな修飾や加工（プロセシング）を受けます．mRNAの安定性に関わるのが末端加工です．5'末端には7-メチルグアノシン三リン酸が通常とは異なる5'-5'-リン酸ジエステル結合した**キャップ**構造（m7Gppp），3'末端にはアデニンを塩基としてもつヌクレオチド（アデニル酸）が数百個結合した**ポリ（A）構造**が付加されます．

RNAの合成はDNA上の転写開始点から転写終止点まで連続的に行われますが，この中には遺伝情報としては不要な介在配列（**イントロン**）が含まれます．イントロンの初めと終わりには切りとられるための

▼ mRNA（メッセンジャーRNA）
伝令RNAともいう．RNAポリメラーゼが作用してできる一本鎖RNA．DNAの情報を写し取り核外に運ぶ役目を担う．

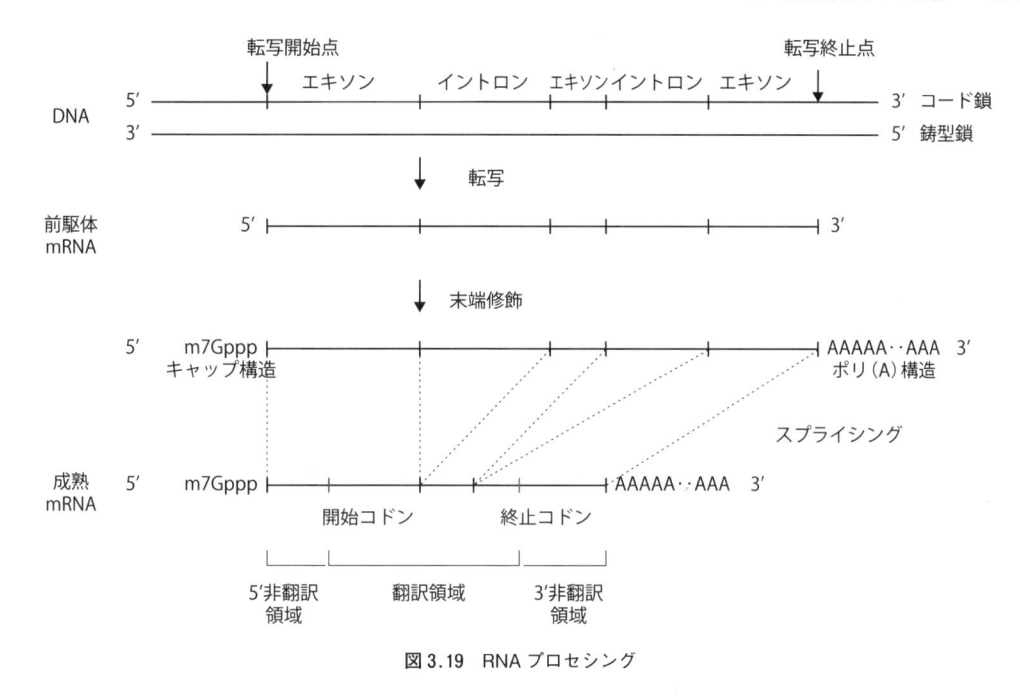

```
                    転写開始点                                  転写終止点
                      ↓   エキソン  イントロン エキソン イントロン エキソン  ↓
DNA       5'─────────┼─────────┼─────────┼────┼─────────┼─────────3' コード鎖
          3'─────────────────────────────────────────────────────5' 鋳型鎖
                            ↓ 転写
前駆体
mRNA      5'──────────┼─────────┼─────────┼────┼─────────┼─────3'
                            ↓ 末端修飾
          5'  m7Gppp ┼─────────┼─────────┼────┼─────────┼─AAAAA‥AAA 3'
              キャップ構造                                    ポリ(A)構造
                                                         スプライシング
成熟
mRNA      5'  m7Gppp ┼─────────┼──────AAAAA‥AAA  3'
                       開始コドン  終止コドン
                  └─────┘└───────┘└─────┘
                  5'非翻訳  翻訳領域  3'非翻訳
                   領域              領域
```

図 3.19 RNA プロセシング

配列があり，その配列を使ってイントロンが除去されます．このイントロン除去反応を**スプライシング**といいます．前駆体 mRNA から 1 つの成熟 mRNA がつくられることもありますが，スプライシングの違いによって 2 種類以上の成熟 mRNA がつくられることもあります．このような現象を**選択的スプライシング**といいます．選択的スプライシングによって生じる mRNA をスプライシングバリアントといい，活性の異なるたんぱく質を生じる場合もあります．そして，最終的に mRNA に残される配列を**エキソン**といいます．mRNA の配列の中でアミノ酸配列の情報の部分を翻訳領域（コード領域），それ以外は非翻訳領域といいます．

3) 翻訳

プロセシングを受けた成熟 mRNA は核膜孔を通って細胞質に移動し，細胞質で翻訳されます．たんぱく質を構成するアミノ酸は 20 種類ですが塩基の種類は 4 種類しかありません．4 種類の塩基で 20 種類のアミノ酸を規定するには 3 つ組（トリプレット）になる必要があります．アミノ酸を規定する 3 つ組の塩基を**コドン**といいます（図 3.20）．コドンの 64（4^3）個のうち 3 個（UAA，UAG，UGA）はアミノ酸に対応しておらず翻訳の終わりを意味する終止コドンと呼ばれます．一方，翻訳の開始を示す開始コドンは AUG の 1 個であり，開始のほかにメチオニンにも対応するコドンです．通常，mRNA の 5' 末端より最初の AUG より翻訳が始まり，メチオニンから順にアミノ酸が結合されていきます．

▼ tRNA（トランスファー RNA）
転移 RNA ともいう．アミノ酸をたんぱく質合成の場に連れてくる役目を担う．約 80〜90 ヌクレオチドで構成される小型 RNA であり，十字架モデルやクローバーモデルとよばれる特徴的な構造をとる．

図3.20 コドン表

		2番目の塩基			
		U	C	A	G
1番目の塩基	U	UUU フェニルアラニン UUC フェニルアラニン UUA ロイシン UUG ロイシン	UCU セリン UCC セリン UCA セリン UCG セリン	UAU チロシン UAC チロシン UAA （終止） UAG （終止）	UGU システイン UGC システイン UGA （終止） UGG トリプトファン
	C	CUU ロイシン CUC ロイシン CUA ロイシン CUG ロイシン	CCU プロリン CCC プロリン CCA プロリン CCG プロリン	CAU ヒスチジン CAC ヒスチジン CAA グルタミン CAG グルタミン	CGU アルギニン CGC アルギニン CGA アルギニン CGG アルギニン
	A	AUU イソロイシン AUC イソロイシン AUA イソロイシン AUG メチオニン（開始）	ACU トレオニン ACC トレオニン ACA トレオニン ACG トレオニン	AAU アスパラギン AAC アスパラギン AAA リシン AAG リシン	AGU セリン AGC セリン AGA アルギニン AGG アルギニン
	G	GUU バリン GUC バリン GUA バリン GUG バリン	GCU アラニン GCC アラニン GCA アラニン GUG アラニン	GAU アスパラギン酸 GAC アスパラギン酸 GAA グルタミン酸 GAG グルタミン酸	GGU グリシン GGC グリシン GGA グリシン GGG グリシン

図3.20　コドン表

翻訳に関わりアミノ酸を運搬する働きをするのが **tRNA*** です．tRNA には mRNA のコドンと相補的なアンチコドンと呼ばれる配列がありこの部分が mRNA と結合します．また，対応するアミノ酸が tRNA の 3' 末端に結合しています（図3.21）．

翻訳反応はリボソーム上で起こります（図3.22）．リボソームは大小2つのサブユニットからなる顆粒で，rRNA とたんぱく質で構成されます．はじめに，開始 tRNA（メチオニンを結合した tRNA）とリボソームの小サブユニットが結合します．次に，開始 tRNA と小サブユニットの結合したものは mRNA の 5' 末端のキャップ構造に結合し，mRNA 上を開始コドンを見つけるためにスキャンします．開始コドンを見つけ

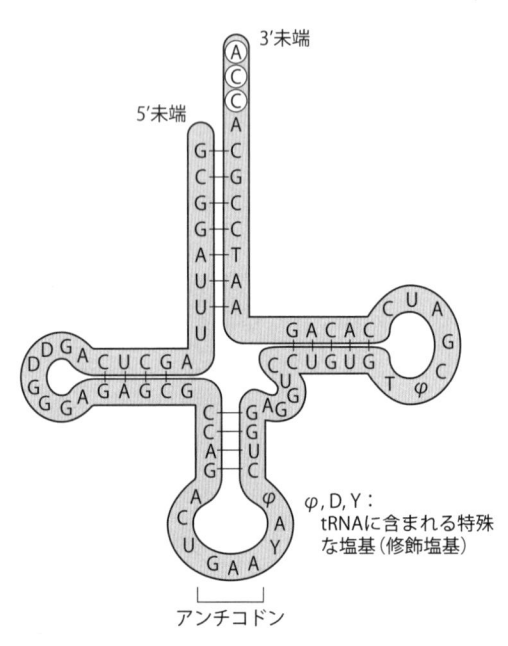

図3.21　tRNA のクローバーモデル

φ, D, Y：tRNAに含まれる特殊な塩基（修飾塩基）

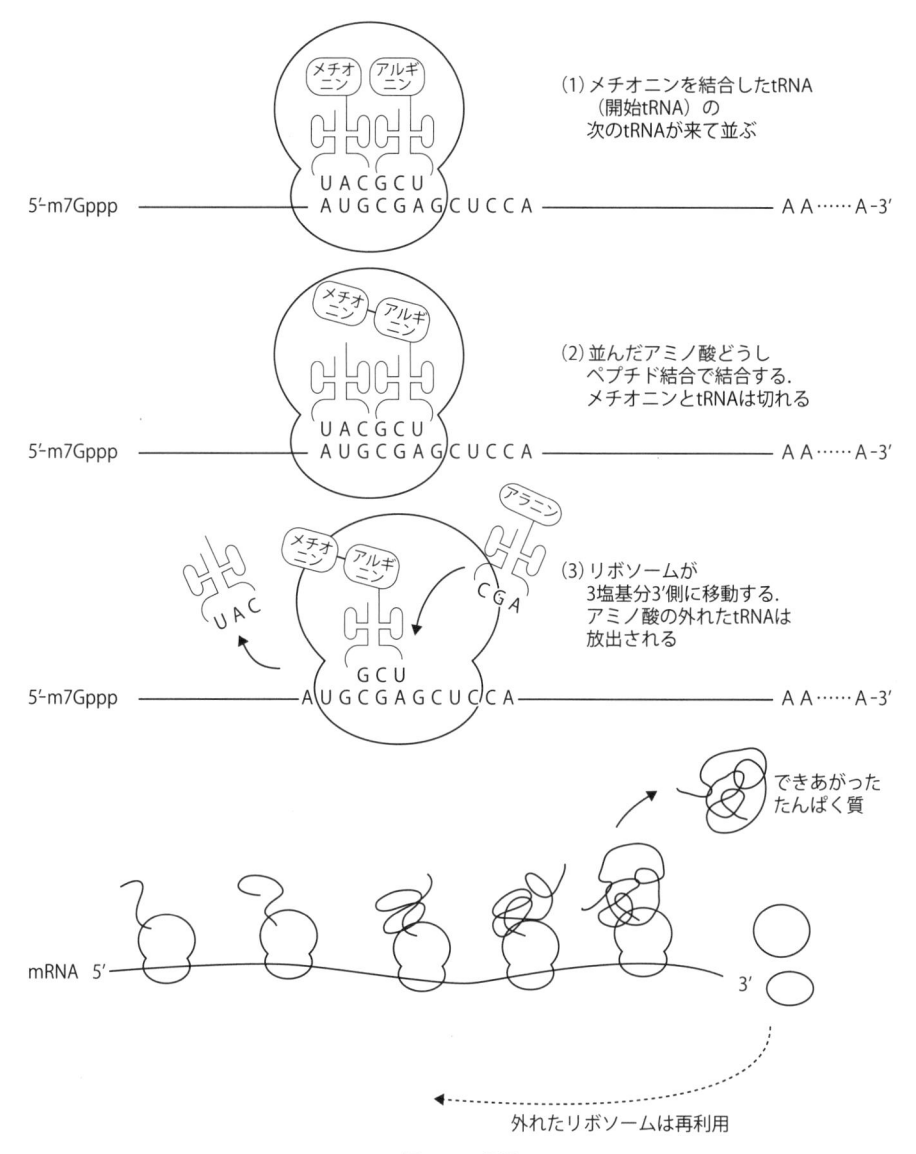

図3.22 翻訳

るとmRNA上の開始コドンと開始tRNAのアンチコドンの間に水素結合ができ一旦停止します．そこに大サブユニットが結合し，翻訳が開始します．大サブユニットにはもう1つtRNAが結合する場所があるので，開始コドンの次，2番目のコドンに対応するアミノ酸を結合したtRNAがmRNAと結合し2番目のアミノ酸がやってきます．

メチオニンと2番目のアミノ酸とのペプチド結合反応には大サブユニットに含まれるrRNAが触媒作用を示し（リボザイム*）2つのアミノ酸を結合させ，メチオニンとtRNAの結合を切断します．するとリボソームは3'方向に3塩基分（1コドン分）移動し，3番目のコドンに対応するアミノ酸を結合したtRNAがやってきます．この反応を終止コ

▼リボザイム
触媒として働くRNAのこと．酵素作用はすべてたんぱく質がもつと考えられていたが，一部の反応はRNAが触媒作用を示していることが見出された．これをRNAと酵素（enzyme）に因んでリボザイムと命名された．

ドンが来るまで続けポリペプチド鎖が出来上がります．翻訳が終わるとリボソームはmRNAから離れていき，再利用されます．1本のmRNAには複数のリボソームが結合し，次々に翻訳反応が行われます．

4) 翻訳後修飾

翻訳が終わってもアミノ酸がつながっただけであって，機能をもつたんぱく質が完成したわけではありません．まずは，アミノ酸の配列情報をもとに二次構造，三次構造という立体構造に折りたたまれます．出来上がったたんぱく質をどこに運ぶかという情報もアミノ酸配列の中にあり，この配列をシグナルペプチドといいます．シグナルペプチドをもたないものは細胞質に留まりますが，シグナルペプチドをもつものは核，ミトコンドリア，小胞体などに輸送され，その後シグナルペプチドの部分は切断されます．たんぱく質の中には前駆体たんぱく質として合成後切断されて成熟型になるものもあります．たとえば，腸管腔内で働くたんぱく質分解酵素*は不活性型の前駆体で分泌され，一部分を切断されて活性化されます．さらにアミノ酸のつながりだけでなく，特定のアミノ酸が化学修飾（リン酸化，メチル化，アセチル化）されるもの，脂肪酸や糖鎖がつけられ完成するたんぱく質もあります．

▼**たんぱく質分解酵素**
胃で働くたんぱく質分解酵素のペプシンは不活性型のペプシノーゲンで分泌され，一部分が切断され活性型のペプシンになる．十二指腸で働くトリプシン，キモトリプシンも不活性型のトリプシノーゲン，キモトリプシノーゲンとして分泌される．

第4章 生化学反応と代謝

ヒトは食事から得た**熱量素***を呼吸により酸化して，エネルギーを獲得しています．また，獲得したエネルギーを利用して，生体物質をつくりだしています．本章ではエネルギー代謝およびそれをとりまく物質代謝の面から，細胞内での化学反応を考えます．

▼熱量素
食事中の糖質，脂質，たんぱく質はいずれも熱量素である．燃焼（異化あるいは酸化）により，二酸化炭素と水に分解され，同時にエネルギーが放出される．たんぱく質は，二酸化炭素と水に加えて，尿素も生じる．エネルギー価はそれぞれ1g当り4，9，4kcal．

1. 生化学反応と代謝

(1) 同化と異化

生物のからだを構成する物質は，ほとんど変化していないようにみえます．しかし，たんぱく質や脂質，ミネラルなど，生物のからだをつくっている物質は，酵素による化学反応によって分解や合成が行われ，また，体外に捨てられたり，逆に体外から取り入れたりして，つねに新しい物質に置き換わっています．このような生物の体内で起こる化学反応を代謝といい，代謝は大きく同化と異化の2つに分けられます（図4.1）．

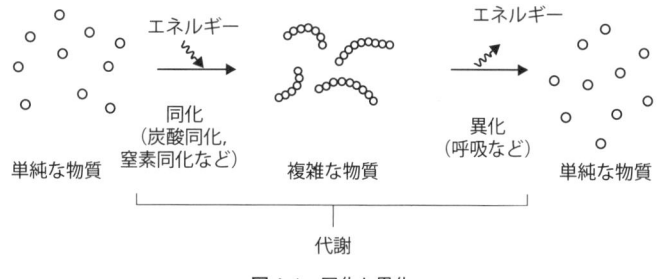

図4.1 同化と異化

①同化

外界から取り入れた物質を，生物にとって必要な物質につくり変える働きをいいます．同化にはエネルギーが必要となります．通常，同化では分子量の小さい物質から大きい物質が合成されます．たとえば植物の光合成（炭酸同化）のように，外界から取り入れた簡単な物質（二酸化炭素と水）からより高分子の複雑な物質（グルコースやでんぷん）をつくりだす過程があげられます．この反応では，太陽からの光エネルギーが利用されます．

例：光合成

$$6CO_2 + 12H_2O \longrightarrow C_6H_{12}O_6 + 6O_2 + 6H_2O$$
エネルギー

②異化

物質をより簡単な物質に分解する働きをいいます．外界から摂取した栄養素に含まれるエネルギーを，生物が利用できるような形にすることであり，生体内の高分子化合物を分解することでもあります．たとえば呼吸に代表されるように，より高分子の複雑な物質（グルコースやでんぷん）から簡単な物質（二酸化炭素と水）に分解する過程があげられます．この反応では，高分子の物質がもつエネルギーが放出されます．

例：呼吸

$$C_6H_{12}O_6 + 6O_2 + 6H_2O \longrightarrow 6CO_2 + 12H_2O$$
$$\downarrow エネルギー$$

(2) 独立栄養生物と従属栄養生物

生物が無機物だけを利用して生きることを独立栄養といい，このような方式で生きる生物を独立栄養生物といいます．植物は独立栄養生物であり，光エネルギーを利用して同化を行い，でんぷんなどの有機物を合成し，さらに，この有機物を呼吸によって異化しエネルギーをつくりだしています（図4.2）．

一方，生物が無機物を利用するだけでは生きていけず，外から取り入れた有機物に依存して生きることを従属栄養といい，このような方式で生きる生物を従属栄養生物といいます．ヒトをはじめとした動物，菌類，多くの細菌は従属栄養生物であり，他の生物が合成した有機物を栄養素として取り込み，自分自身に必要な有機物を同化により合成し，さらには，呼吸による異化によって生命活動のエネルギーをつくりだしています．

地球上のほとんどの生物は，光合成を行う生物が合成した有機物に依存して生きており，つまり，太陽の光エネルギーをもとにして生活しています．

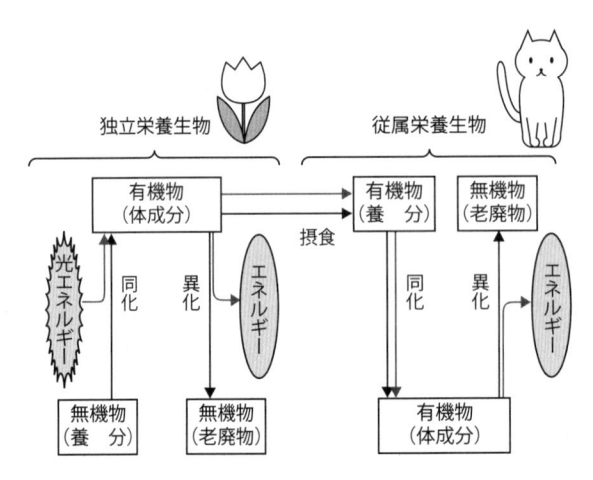

図4.2 独立栄養生物と従属栄養生物

(3) 生体エネルギーの通貨＝ATP

異化反応によって生じたエネルギーは ATP に蓄えられ，また，同化反応では ATP のエネルギーが利用されます．このように，エネルギーの産生や利用のほとんどはATP（アデノシン三リン酸）を仲立ちとして行われます．

ATP はヌクレオチドの一種です．糖（リボース）に塩基（アデニン）が結合したものをアデノシンといい，さらに，アデノシンにリン酸が 3 つに直列しているのが特徴です（図 4.3）．ATP は，リン酸どうしの結合のところにたくさんのエネルギーを蓄えます．高エネルギーリン酸結合といい，ATP のことを高エネルギーリン酸化合物といいます．

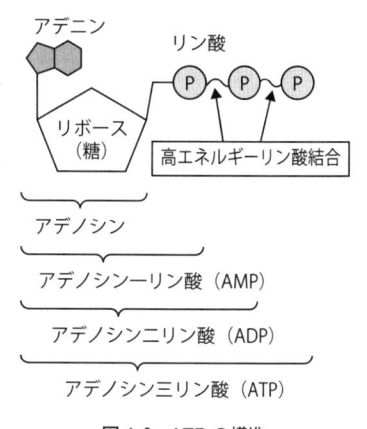

図 4.3 ATP の構造

ATP の 3 つのリン酸のうち，端にある 2 つのリン酸は不安定です．一番端のリン酸が切り離されると，ATP は ADP とリン酸に分解され，その際，リン酸どうしの間に蓄えられていたエネルギーが放出されます（図 4.4）．さらにもう 1 つのリン酸が切り離されると，ADP は AMPとリン酸に分解され，このときにもエネルギーが放出されます．放出されたエネルギーは，体温維持や筋収縮などの生命活動に利用されます．このように，体内でのエネルギー利用*が進むと，体内の ATP の多くは ADP や AMP に変化し，エネルギー不足の状態となります．

一方，体内で熱量素の異化によって，産生されたエネルギーは，ADP や ATP を合成し，これらの物質のリン酸どうしの結合部分に蓄えられます．つまり，AMP はリン酸と結合し ADP となり，さらに，ADP は別のリン酸と結合し ATP となります．体内でのエネルギー産

▼体内でのエネルギー利用
体内で利用されるエネルギーには，①体温の維持のための熱エネルギー，②筋収縮や能動輸送，神経伝達などのための機械エネルギー，③体内での物質合成のための化学エネルギーなどがある．

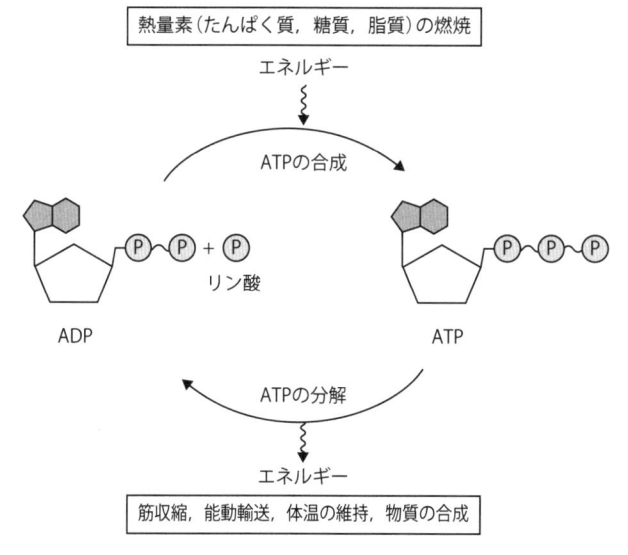

図 4.4 エネルギー代謝の概略

生が進むと，AMP や ADP の多くは ATP に変化，エネルギーが十分補給された状態となります．

2. エネルギーの産生

(1) 基本的な代謝の流れ

多数の酵素によって行われる代謝は，通常，化学反応が連続的につながった経路（化学反応のつながり）を構成しています．細胞内でエネルギーが産生される際にも，いくつかの代謝経路が関与します．

図4.5は，たんぱく質，糖質（多糖類），脂質（中性脂肪：トリアシルグリセロール）からエネルギーがつくられる概要を示しています．糖質はエネルギー産生の主軸であり，その主軸に，たんぱく質やトリアシルグリセロールの代謝産物が合流します．

糖質の代謝：食事中のでんぷん（多糖類）は消化の作用によって分解され，グルコースとなり吸収されます．細胞内に取り込まれたグルコースは，まず解糖系でピルビン酸に分解されます．ピルビン酸はアセチル CoA となり，クエン酸回路に入り，さらに電子伝達系で分解されます．

たんぱく質の代謝：食事中のたんぱく質は消化の作用によってアミノ酸に分解され吸収されます．アミノ酸は，アミノ基転移反応などによって，脱アミノを受け，各種の有機酸となり，グルコースの代謝経路に合流し，クエン酸回路，電子伝達系で分解されます．この際，切り離されたアミノ基はアンモニアとなり，肝臓の尿素回路で尿素に代謝され腎臓から排泄されます．

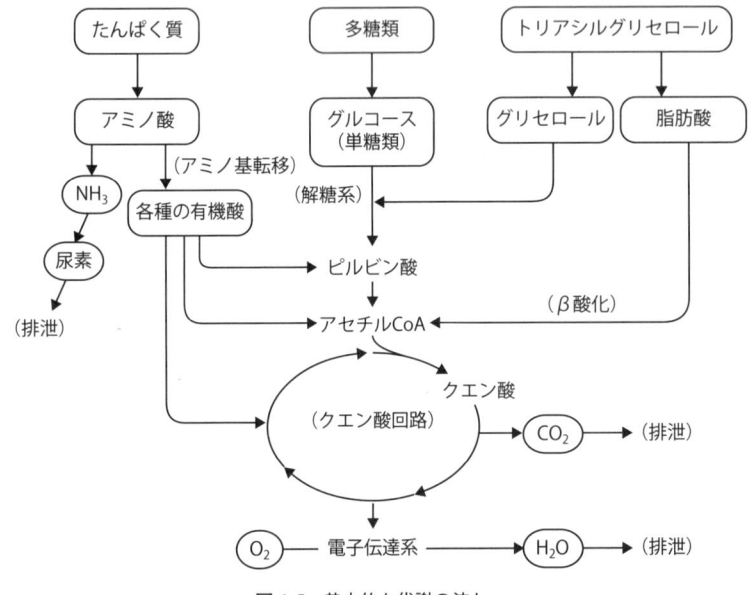

図4.5 基本的な代謝の流れ

脂質の代謝：食事中の主な脂質であるトリアシルグリセロールは，膵リパーゼの作用によりモノアシルグリセロールと脂肪酸に分解され吸収されます．グリセロールは解糖系に合流し，脂肪酸はβ酸化によってアセチル CoA に分解されます．生じたアセチル CoA はクエン酸回路，電子伝達系で分解されます．

以上のように，いずれの熱量素においても，クエン酸回路，電子伝達系はほぼ共通の代謝経路であり，これらの経路で代謝されることで，最終的に二酸化炭素と水に分解されます．この際，取り出されたエネルギーは ATP として蓄えられます．

(2) 解糖系

地球上のすべての生物にとって，グルコースは最も重要なエネルギー源の1つです．また，解糖系はすべての生物の体内にある糖の代謝経路の1つです．

解糖系は，グルコース1分子が，ピルビン酸2分子，あるいは乳酸2分子に分解される代謝経路をいいます（図4.6）．この代謝経路は酸素を必要としません（嫌気的過程）．解糖経路はサイトゾルで行われ，11段階の反応からなります（図4.7）．

エネルギー消費段階：解糖系の最初の段階（①）では，ヘキソキナーゼ（肝臓ではグルコキナーゼ）の働きによって，ATP が1分子消費され，グルコースがグルコース 6-リン酸となります．リン酸が結合したグルコースは細胞膜を通過できないため，細胞内にとどまることとなり，また，リン酸による活性化によって化学反応を非常に受けやすい状態となります．グルコース 6-リン酸は異性化反応*を受け，フルクトー

▼異性化反応
分子式を変えることなく，その化学構造を変える反応をいう．

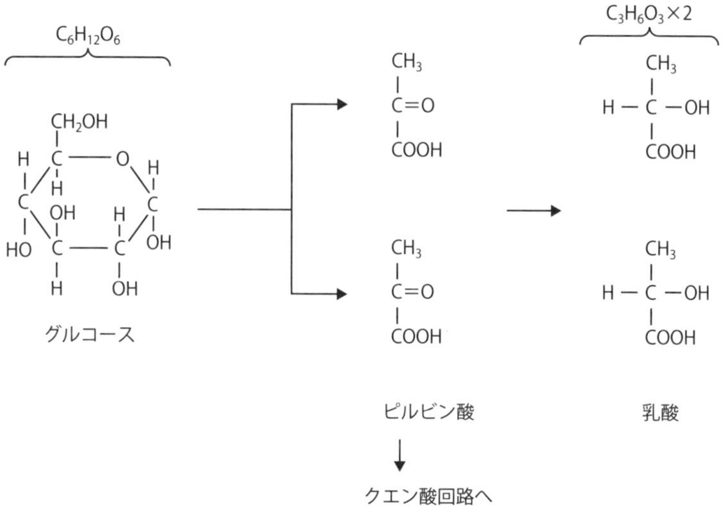

図 4.6 解糖系とは

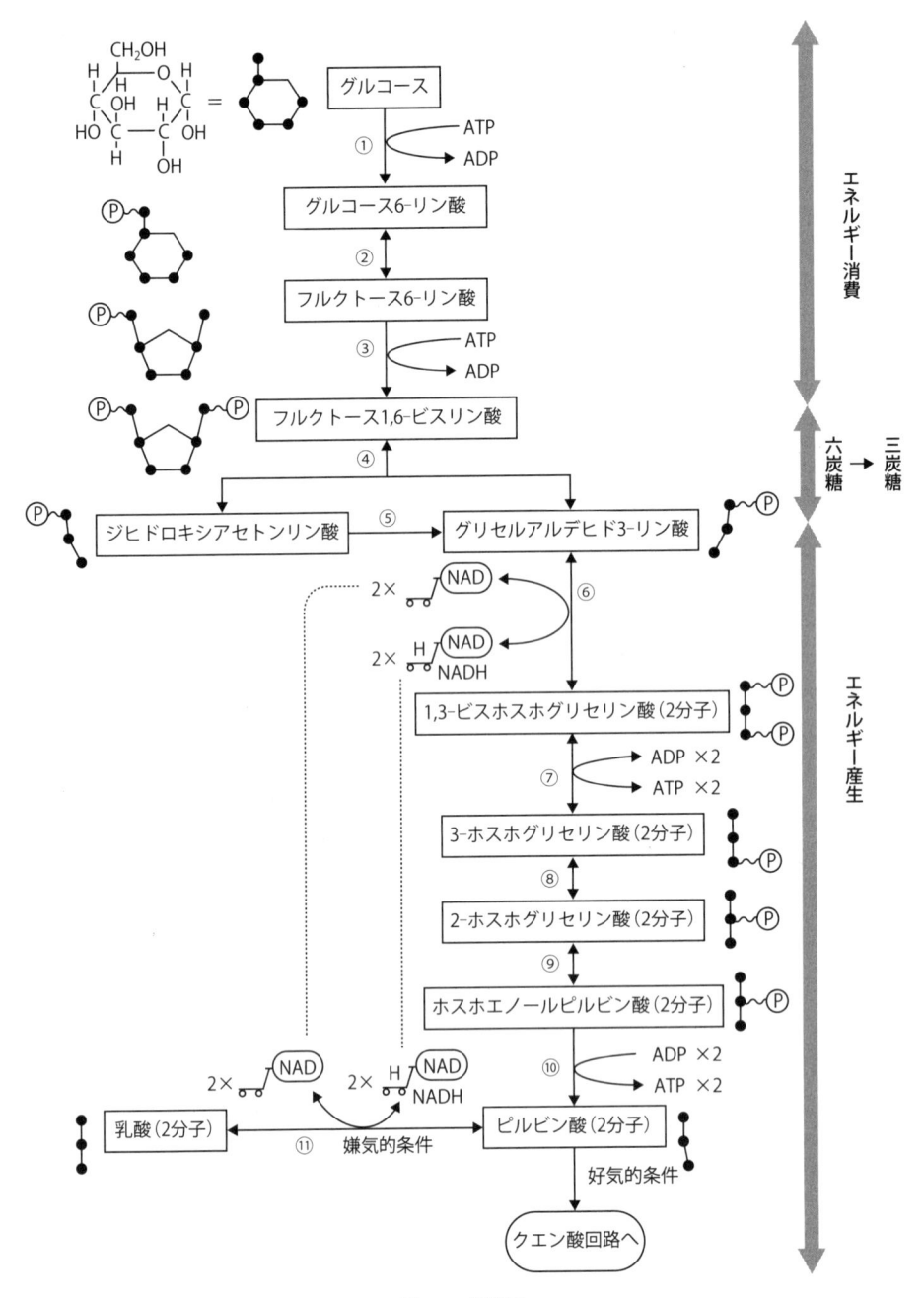

図 4.7 解糖系

ス 6-リン酸となります（②）．さらに，フルクトース 6-リン酸は，1 分子の ATP を消費してフルクトース 1,6-ビスリン酸となります（③）．

六炭糖から三炭糖への段階：④では，フルクトース 1,6-ビスリン酸（六炭糖）が三炭糖であるジヒドロキシアセトンリン酸とグリセルアルデヒド 3-リン酸に分解されます．ジヒドロキシアセトンリン酸は，直

ちにグリセルアルデヒド3-リン酸に変換される（⑤）ので、結局、この段階で、グルコース1分子から、グリセルアルデヒド3-リン酸2分子が生じたことになります。

エネルギー産生段階：⑥以降の反応は、2つのグリセルアルデヒド3-リン酸がそれぞれ代謝経路を進むので、計2回の代謝が繰り返し行われることになります。⑥ではNADHが、⑦と⑩ではATPがそれぞれ1分子ずつつくられ、また、⑩段階まで代謝が進むことで、グルコース1分子はピルビン酸2分子に代謝されます。ピルビン酸はクエン酸回路に入って、さらなる代謝を受けます。

ピルビン酸から乳酸への段階：酸素が不足するような激しい運動中の筋肉での嫌気的条件下では、乳酸デヒドロゲナーゼ＊（乳酸脱水素酵素）により、ピルビン酸は⑥の反応で生成されたNADHにより還元されて乳酸となります（⑪）。嫌気的な条件下では、ATPは⑦と⑩の段階で計4分子（⑦と⑩の段階で計2分子だが、2回の代謝が繰り返し行われているので、2分子×2回となる）産生されますが、最初の①と③段階でATPは2分子消費しているので、結局、正味2分子が生じることになります。なお、嫌気的条件下の筋肉細胞内では、乳酸はこれ以上の代謝を受けることがなく、血液を介して肝臓に移行して糖新生経路で処理されていきます。

▼デヒドロゲナーゼ
デヒドロゲナーゼの「デ（de-）」は「脱」、「ヒドロ（hydro-）」は「水素」、語尾の「アーゼ（-ase）」は酵素を意味する。「水素を取り除く酵素」という意味になる。

（3） クエン酸回路

クエン酸回路はミトコンドリアのマトリックスにあります。サイトゾルで生成したピルビン酸はミトコンドリア内のマトリックスに移動し、アセチルCoAとなったあと、**クエン酸回路**＊に入り好気的に代謝（酸素を必要とする代謝）されます。

クエン酸回路（図4.8）は解糖系のように代謝系が直線的ではなく、8つの物質による回路を形成しています。クエン酸回路の重要性は、この回路が一巡する際に水素が取り出されることです。水素は、その後電子伝達系に送られ最終的に酸素と結合することで、莫大なエネルギーのもとになります。

酸化的脱炭酸反応：解糖系で生成されたピルビン酸は、酸化（脱水素）と同時に脱炭酸を受けてアセチルCoAになります。ここでは、ピルビン酸デヒドロゲナーゼ複合体が触媒し、チアミンピロリン酸（TPP）、ニコチンアミドアデニンジヌクレオチド（NAD）、コエンザイムA（CoA）の少なくとも3つの補酵素が関与しています。TPPによってCO_2が捨てられ、NADによって水素が運び出されます。残った2個の炭素（アセチル基）はCoAと結合し、アセチルCoAとなります。

クエン酸回路：アセチルCoAはクエン酸シンターゼによって、オキサロ酢酸にアセチル基を渡し、それによりオキサロ酢酸はクエン酸とな

▼クエン酸回路
クエン酸回路は、発見者であるSir Hans Krebsの名前にちなみクレブス回路、あるいは3つのカルボキシ基をもつトリカルボン酸（3つのカルボキシ基をもつ）を含む回路であることからトリカルボン酸回路（TCA回路）ともいわれる。

ります.この際,CoA はアセチル基をクエン酸回路に運ぶ役目を担うだけで,それ自体が反応されることはありません.クエン酸は次々と反応を受け,再びオキサロ酢酸に戻り,その途中の数箇所で水素,CO_2,ATP が取り出されます.

・水素が取り出される反応:③④⑧の段階では水素が NAD によって,⑥ではフラビンアデニンジヌクレオチド(FAD)によって取り出されています.いずれも,デヒドロゲナーゼが関わる反応です.この後,いずれの水素も電子伝達系に運ばれます.

・二酸化炭素(CO_2)が取り出される反応:③④の段階では CO_2 が取り出されています.α-ケトグルタル酸がスクシニル CoA になる反応は,ピルビン酸がアセチル CoA になる反応(酸化的脱炭酸反応)とよく似ており,TPP,NAD,CoA の3つの補酵素が関わっています.クエン酸回路で生じた CO_2 は酸化的脱炭酸で取り出された CO_2 とともに,呼気から排泄されます.

・ATP が取り出される反応:⑤の段階では,エネルギーが取り出されます.エネルギーはグアノシン三リン酸(GTP)*を介して,ATP に受け渡されます.

▼グアノシン三リン酸(GTP)
ヌクレオチドの1つ.リボース(糖)とグアニン(塩基)にリン酸が3分子結合した高エネルギーリン酸化合物.クエン酸回路で取り出されたエネルギーを一時的に預かる役目をもつ.

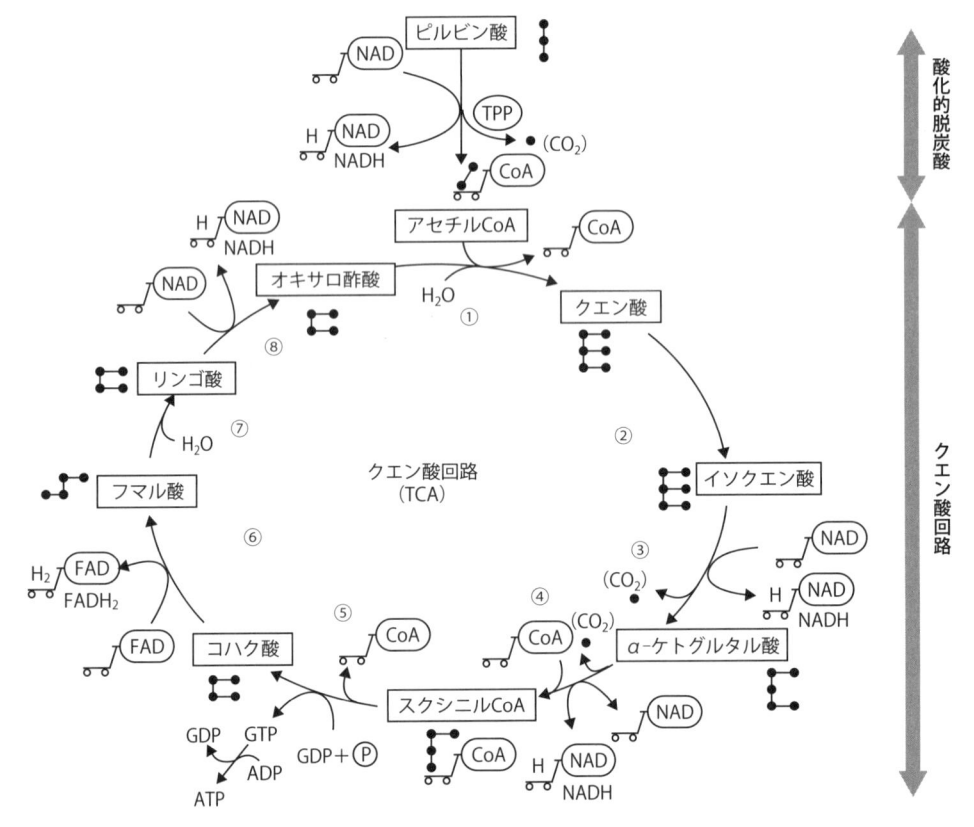

図 4.8 クエン酸回路

(4) 電子伝達系（図 4.9）

酸素を必要とすることから呼吸鎖ともいいます．クエン酸回路で取り出された水素は NAD ないしは FAD によって，電子伝達系に運ばれます．なお，解糖系，酸化的脱炭酸でも水素は取り出されており，これらも電子伝達系に運ばれ，同様に代謝されます．電子伝達系は内膜（管状のクリステ構造をつくる）を貫通している複数の酵素からなり，NAD や FAD に運ばれてきた水素は，この酵素を経由し，徐々にエネルギーを放出して，最終的には緩和な条件で酸素と結合し水を生成します．

電子伝達系の過程：電子伝達系は次のように行われます．

① NAD や FAD に運ばれてきた水素は，プロトン（H^+）と電子（e^-）に解離します．e^-はエネルギーをもっており，このe^-が電子伝達系の酵素を経由するごとに，少しずつエネルギーが使われマトリックス内のH^+が膜間腔にくみ出されます．この輸送に使われてエネルギーの

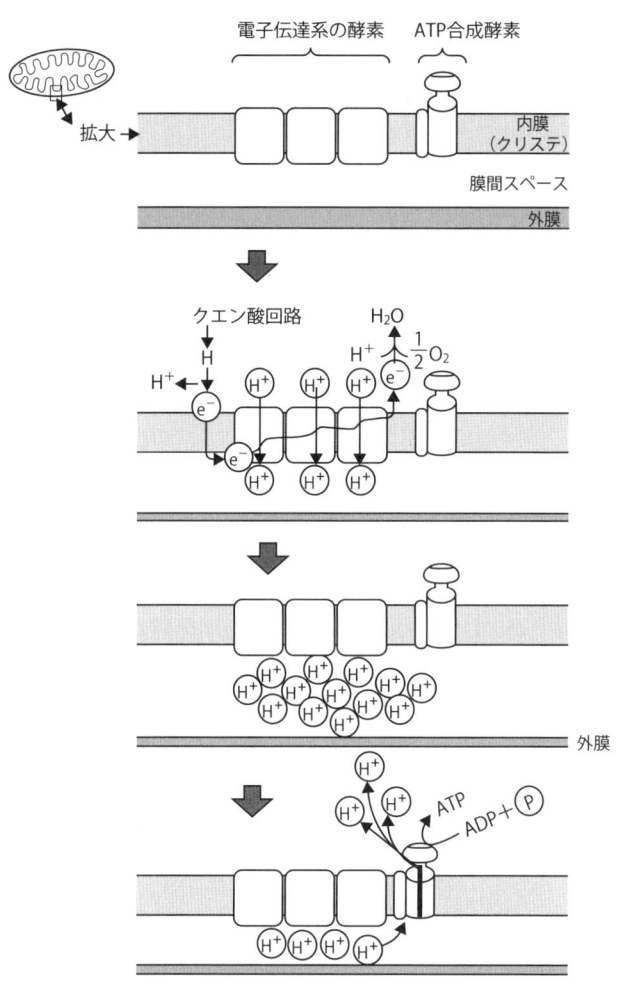

図 4.9　電子伝達系

小さくなった e^- は，最終的に吸気によって取り込まれた酸素（O_2）に受け渡され，さらにまわりにある H^+ と結合して水（H_2O）を生じます．

②こうして H^+ が次々とマトリックス側から膜間腔側にくみ出されると，マトリックスと膜間腔の間に H^+ の濃度差が生じます．さらに，電気的にはマトリックス側はマイナスに，膜間腔側はプラスに帯電します．

③このような濃度差や電位差を解消するために，膜間腔の H^+ は，内膜を貫通して存在する ATP 合成酵素の内部の狭い通り道を通って，マトリックス側へと勢いよく移動します．この勢いを利用して，ATP 合成酵素上では，酸化的リン酸化（エネルギーを受けとって ADP とリン酸から ATP が合成されること）が行われます．

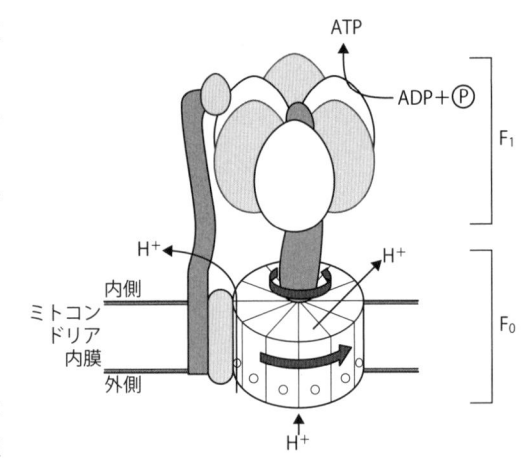

図 4.10　ATP 合成酵素

ATP 合成酵素：ATP 合成酵素の立体構造は，X 線結晶構造解析*によって明らかにされています（図 4.10）．この酵素は，内膜に埋め込まれた F_0 部分と，マトリックス側に突き出た F_1 部分とに分けられ，F_0 部分にはプロトンチャネルと呼ばれる H^+ の狭い通り道があります．電子伝達系において，マトリックスから膜間腔側に移動した大量の H^+ は，この狭い通り道を勢いよく抜けてマトリックス側に戻ります．水力発電では落下する水が発電機を回して電気を起こしますが，これと同じようなしくみで ATP 合成酵素上でもエネルギーが発生します．つまり，H^+ の流れの勢いによって，F_0 と F_1 が回転し，この回転によって ADP とリン酸から ATP が合成されるのです．

3 個のプロトンの流入により約 1 分子の ATP が合成されます．電子伝達系では NADH 1 分子あたり 10 分子のプロトンが，$FADH_2$ は 1 分子あたり 6 分子のプロトンがマトリックスから膜間腔側へ移送され，その結果，NADH からは約 2.5 分子，$FADH_2$ からは約 1.5 分子の ATP が生成されます．

この ATP 生成量をもとに計算すると，電子伝達系ではグルコース 1 分子当たり ATP が合計約 28 分子生成されます．したがって，グルコース 1 分子が好気的条件下で完全に酸化されると，合計約 32 分子（解糖系 2 分子 + クエン酸回路 2 分子 + 電子伝達系 28 分子）となります．酸素の供給が不十分で解糖系だけで代謝が終わってしまうと，わずか 2 分子の ATP しか得られません．これに比べて，好気的条件下でのエネルギー産生は実に効率が良いことがわかります．

▼X 線結晶構造解析
物質に X 線をあて，物質の 3 次元構造を知る手法．通常，X 線は物質を突き抜けるが，一部は吸収されたり，原子核のまわりを回っている電子によって散乱されたりする．この散乱された X 線を観測することで物質の構造を解明することができる．

(5) 脂肪酸の酸化

グルコースだけでなく，脂質の一種であるトリアシルグリセロールも体内で利用されATPを生成します．とくに，トリアシルグリセロールは体脂肪として蓄積することができるため，空腹時の重要なエネルギー源となります．体脂肪に蓄積されているトリアシルグリセロールは脂肪酸とグリセロールに分解され，脂肪酸はたんぱく質であるアルブミン*と結合して血中を運搬され，必要な組織に取り込まれエネルギーとして利用されます．

β酸化とは：脂肪酸がエネルギーになる際の最初の段階であるβ酸化は，ミトコンドリアのマトリックス内に存在し，好気的条件下で働きます．脂肪酸はその炭素鎖のカルボキシ基に結合した炭素から順にα，β，γ…といいます．β酸化とは，脂肪酸鎖のカルボキシ基側から2つずつ炭素を切り離す（α位とβ位の炭素を切り離すことになる）ことで，アセチルCoAを生成する代謝経路です（図4.11）．

▼アルブミン
血漿たんぱく質の約60％はアルブミン，残りの40％はグロブリンである．アルブミンは，体内の浸透圧の維持，遊離脂肪酸やビリルビン等の運搬，pH緩衝作用，各組織へのたんぱく質・アミノ酸の供給源となっている．健常人の血漿アルブミンの基準値は，4〜5 g/dL．

$$CH_3-CH_2-CH_2\cdots\cdots-CH_2-CH_2-CH_2-CO-CoA$$
$$\gamma \quad \beta \quad \alpha$$

アシルCoA（炭素数16）

β酸化　　　アセチルCoA

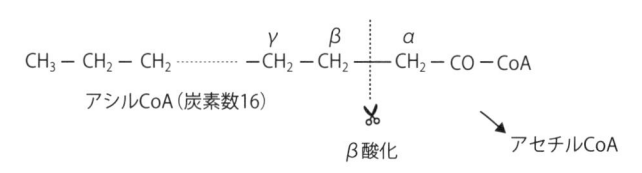

図4.11　β酸化

β酸化の過程：①では，脂肪酸がATPのエネルギーを使いCoAと結合しアシルCoA（脂肪酸CoA）となり活性化されます（図4.12）．β酸化では，反応がひとまわりすると，アシルCoAから2個の炭素原子がアセチルCoAとして放出されます（⑤）．炭素原子を2つ失った炭素鎖は，アシルCoAとして再びβ酸化を受けます．このように，繰り返しβ酸化が行われ，最終的に炭素4つのアシルCoAはβ酸化を受けて2分子のアセチルCoAとなり，代謝は完了します．β酸化1回につき，②と④の段階でそれぞれ水素が取り出され，NADHとFADH$_2$が1分子ずつ生成されます．

したがって，炭素数16個のパルミチン酸は，合計7回のβ酸化を受けることによってアセチルCoA 8分子を産生することになります．アセチルCoAはクエン酸回路に入り，二酸化炭素と水に分解され，この際に取り出されたエネルギーはATPとして利用されます．

そこで，パルミチン酸1分子が完全に酸化されたと仮定した場合のATP産生量を計算してみましょう．

①アセチルCoAがクエン酸回路に入り完全酸化されると，ATPが10分子つくられます．したがって，8個のアセチルCoAがすべて完全酸化されれば計80分子（10分子×8個）生成されます．

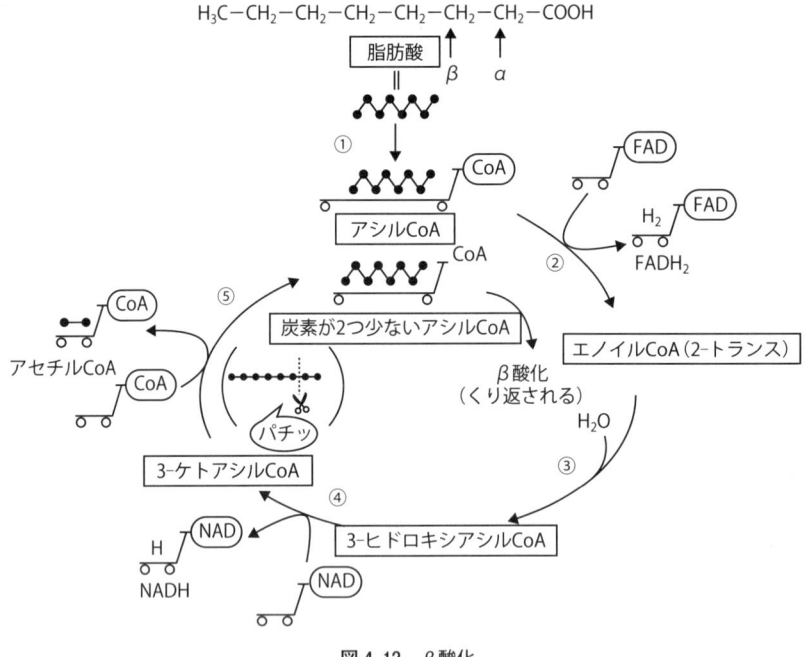

図4.12 β酸化

②β酸化1回につき，NADHとFADH$_2$がそれぞれ1つずつ取り出され，NADHからはATP 2.5分子，FADH$_2$からはATP 1.5分子が生成されます（計4分子）．パルミチン酸が完全酸化されると，計7回のβ酸化が行われるため計28分子（4分子×7回）のATPが生成されます．

③脂肪酸が最初にアシルCoAに活性化される段階で，ATPが2分子消費されます．

以上より，パルミチン酸1分子から，106分子のATP（80+28－2=106）が産生されます．グルコースが完全酸化されるとATP 32分子ですから，これに比べて，脂肪酸1分子のもつエネルギーはかなり高く，効率的であることがわかります．

・カルニチンの役目：脂肪酸を酸化してエネルギーを産生するための代謝に必要な酵素は，細胞のミトコンドリア内に存在します．そのため，細胞質にある脂肪酸がミトコンドリアの外膜と内膜を通過し内側に移動するためには，CoAとカルニチンの両方の運搬体が必要となります．外膜はCoAと結合しアシルCoAとなり，内膜はカルニチンと結合してアシルカルニチンとなり通過します（図4.13）．カルニチンは肝臓や腎臓でアミノ酸（リシンとメチオニン）から生合成されますが，その供給が少ないと脂肪酸の酸化障害が起こることがあります．なお，アシルカルニチンとして内膜を通過した脂肪酸は，再びCoAと結合してアシルCoAとなりβ酸化に入ります．

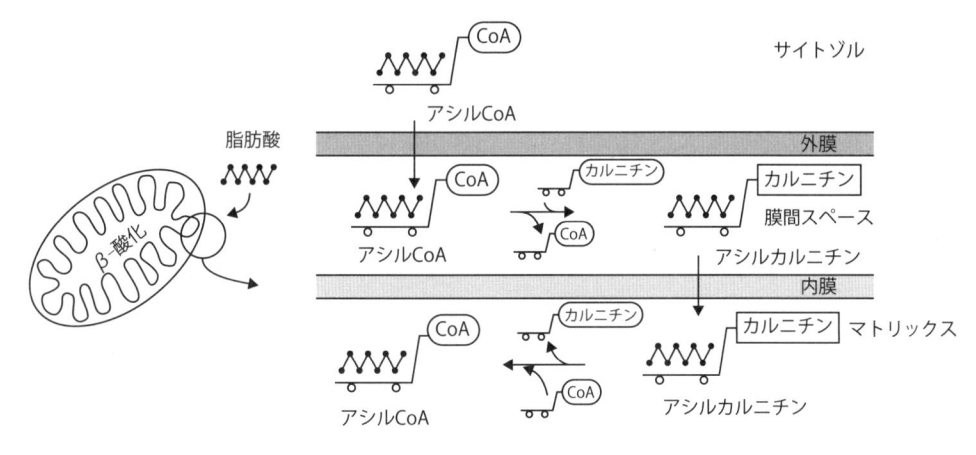

図4.13 カルニチンの働き

・ケトン体の産生：脂肪酸が酸化されて生じたアセチルCoAが，クエン酸回路で完全燃焼されるためには，オキサロ酢酸が必要となります．しかし，オキサロ酢酸は糖質から供給されることから，空腹の際に糖質が不足するとアセチルCoAはクエン酸回路で酸化されずに，ケトン体（アセト酢酸，β-ヒドロキシ酪酸，アセトンの総称）となります（図4.14）．

肝臓ではβ酸化が活発に行われており，多量のアセチルCoAが産生されるためケトン体も多く産生します．ところが，肝臓ではケトン体を代謝するための酵素をもっていないため，結局，ケトン体は肝外組織において，再びアセチルCoAとなりエネルギー源として消費されます．ケトン体産生が過剰になり血中濃度が上昇すると，血液のpHが酸性に傾きアシドーシス（酸血症）*を引き起こすことになります．

(6) アミノ酸の代謝

糖質や脂質と並んでたんぱく質もエネルギーとして利用されます．たんぱく質が分解され，エネルギーとなるのは次の場合です．

①アミノ酸摂取量がたんぱく質合成の必要量を超えて過剰に摂取した場合，アミノ酸はエネルギーとして利用されます．

②糖質からのエネルギー供給が不足している場合，アミノ酸は糖新生の素材となり，最終的にはエネルギーとして利用されます．

このように，たんぱく質を構成している20種類のアミノ酸は，必要に応じてエネルギーとして利用されますが，アミノ酸分子に1つ以上存在するアミノ基（$-NH_2$）はエネルギーとして利用することができません．そのため，アミノ酸がエネルギーとして燃焼するときの最初の段階は，アミノ基がアミノ酸からはずされる反応（脱アミノ反応）です（図4.15）．脱アミノ反応には，アミノ基転移反応と酸化的脱アミノ反応が

▼アシドーシス（酸血症）
酸-アルカリ平衡が変化して血液のpHが低下（酸性側に傾く）した状態．体内に異常に酸がたまったり，あるいはアルカリが失われたりすることで起こる．体内でケトン体が生成したり，酸性物質の腎からの排泄障害がある場合にみられる．

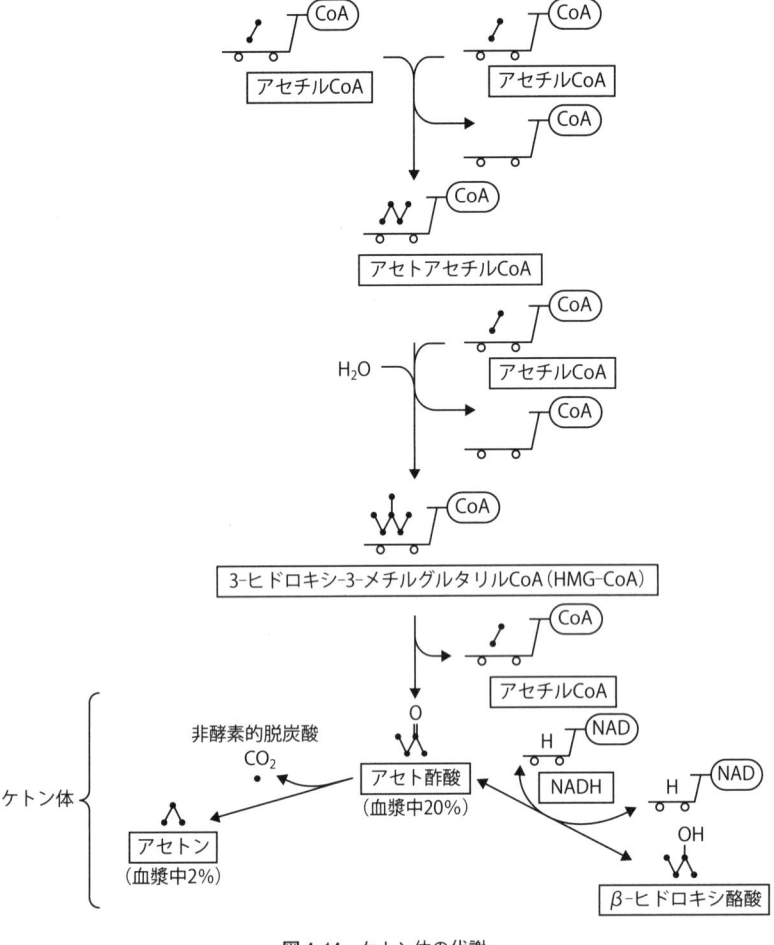

図4.14 ケトン体の代謝

あります．

・アミノ基転移反応：α-アミノ酸のアミノ基が，別のα-ケト酸*に転移することで脱アミノ化し，もとのアミノ酸は新しいα-ケト酸に，もとのα-ケト酸は新しいアミノ酸になる反応をいいます．このアミノ基転移反応に関わる酵素を総称して，アミノトランスフェラーゼといい，ピリドキサールリン酸（PLP）を補酵素としています．

重要なアミノ基転移反応は，アラニンアミノトランスフェラーゼ（ALT）によるアラニン（アミノ酸）とピルビン酸（α-ケト酸）間の反応，アスパラギン酸アミノトランスフェラーゼ（AST）によるアスパラギン酸（アミノ酸）とオキサロ酢酸（α-ケト酸）間の反応です（図4.16）．

図中左から右への反応では，アラニンあるいはアスパラギン酸がそれぞれα-ケト酸になってエネル

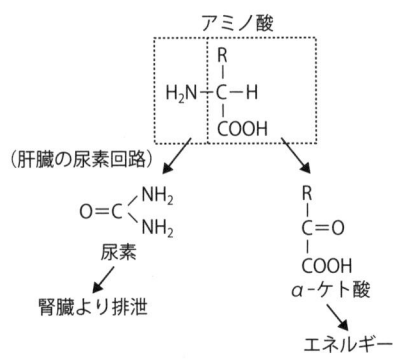

▼α-ケト酸
カルボキシ基（-COOH）を有する有機酸のことをカルボン酸というが，このカルボン酸の炭素に直接ついた炭素（α位の炭素という）がケトン基（-C=O）である物質をいう．ピルビン酸，オキサロ酢酸，α-ケトグルタル酸などはα-ケト酸である．

図4.15 アミノ酸の脱アミノ後の代謝

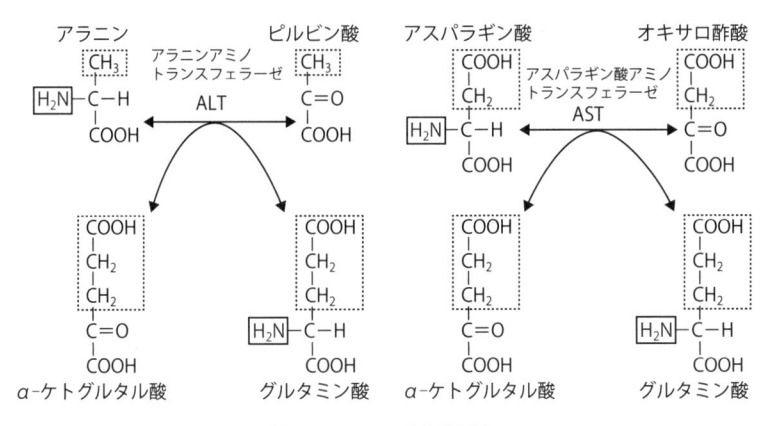

図 4.16 アミノ基転移反応

ギーとして利用されます．その際，アミノ基はα-ケトグルタル酸（α-ケト酸）に渡され，グルタミン酸（アミノ酸）が生じます．一方，アミノ基転移酵素は逆向きの方向も触媒します．図中右から左への反応では，ピルビン酸あるいはオキサロ酢酸がそれぞれアミノ酸となり，体構成たんぱく質として利用されます．その際，アミノ基はグルタミン酸から供給され，グルタミン酸はα-ケトグルタル酸となります．

・酸化的脱アミノ反応：アミノ基転移反応で生じたグルタミン酸は，酸化的脱アミノ反応によって，α-ケトグルタル酸となります（図4.17）．その際，遊離したアミノ基はアンモニア（NH_3）となり，また，同時に取り出される水素は NAD に捕えられます．生じたα-ケトグルタル酸（α-ケト酸）はクエン酸回路でエネルギーとして利用されます．なお，この反応も可逆的であり，遊離のアンモニアによってα-ケトグルタル酸はアミノ化を受けグルタミン酸となります．

・アミノ酸の炭素骨格部分のゆくえ：20種類のアミノ酸（炭素骨格部分）は，それぞれ図4.18のとおり，解糖系やクエン酸回路に合流し代謝されます．この代謝によって，アミノ酸は糖原性とケト原性に大別されます．糖原性アミノ酸とは糖質代謝系に入ることのできるアミノ酸をいい，通常，糖新生によってグルコースになってか

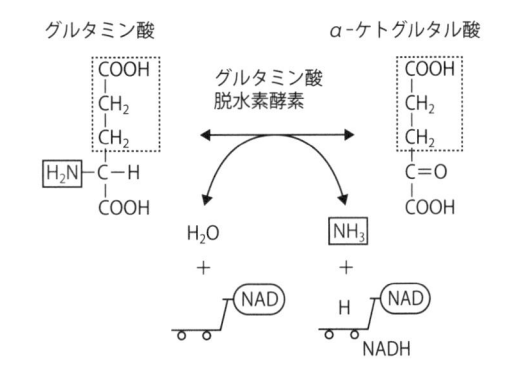

図 4.17 酸化的脱アミノ反応

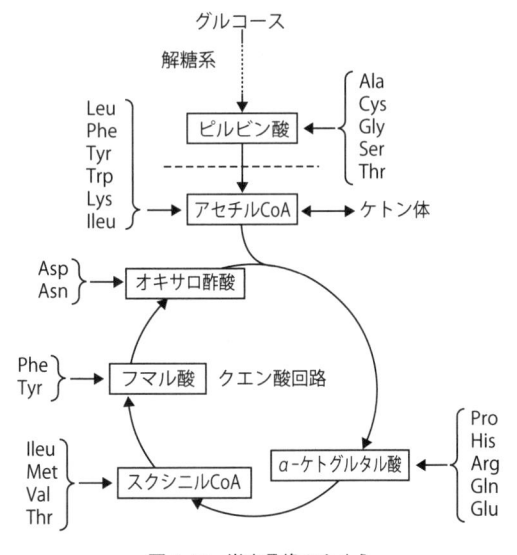

図 4.18 炭素骨格のゆくえ

らエネルギーとして利用されます．空腹時，血糖供給としての役割を有します．ケト原性アミノ酸とはアセチルCoAに合流するアミノ酸であり，ケトン体になりやすく，脂質代謝系に入ることができるアミノ酸をいいます．ロイシンとリシンはケト原性アミノ酸，イソロイシン，リシン，チロシン，フェニルアラニン，トリプトファンは糖原性とケト原性の両方の性質をもちます．これ以外のアミノ酸はすべて糖原性です．

・尿素回路：酸化的脱アミノ反応によって生じたアンモニアは毒性が強いため*，最終的に，肝臓の尿素回路によって尿素に変換し無毒化します．尿素は，血流を介して腎臓に移行し，尿中排泄されます．肝硬変が重症化すると，尿素回路が働かなくなるため，血中アンモニアが上昇し，ひどいときには肝性昏睡と呼ばれる意識障害を引き起こします．

アンモニアは二酸化炭素とともに，2分子のATPを消費してカルバモイルリン酸となります（①）．カルバモイルリン酸は，オルニチンと反応しシトルリンとなり（②），シトルリンは1分子のATPを消費しながらアスパラギン酸と反応し，アルギニノコハク酸を生成します（③）．さらに，代謝は進み（④），最後の段階で（⑤）アルギニンはアルギナーゼの作用により尿素を放出し，オルニチンとなります（図4.19）．尿素は2つのアミノ基をもっていますが，1つがアンモニア，1つがアスパラギン酸由来のものとなります．

アンモニアから尿素への代謝は合成反応であり，1分子の尿素の生成のために，ATPが合計3分子消費されます．そのため，たんぱく質からのエネルギー産生は非効率的であり，アミノ基部分の損失も含めると，たんぱく質1gあたり約1.25kcalものロスを伴います．

図4.20はエネルギー代謝の回路をまとめたものです．

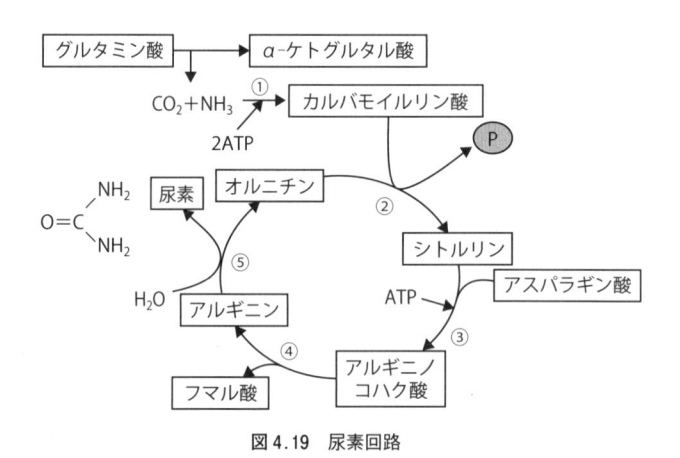

▼**アンモニアの毒性**
血中アンモニア濃度が高くなると，アンモニアは脳に移行する．アンモニアは$α$-ケトグルタル酸と結合するため，$α$-ケトグルタル酸が消費されて減少し，クエン酸回路に異常をきたし，さらに，電子伝達系によるATP産生が滞る．その結果，修復不可能な脳神経細胞障害が起こる．

図4.19 尿素回路

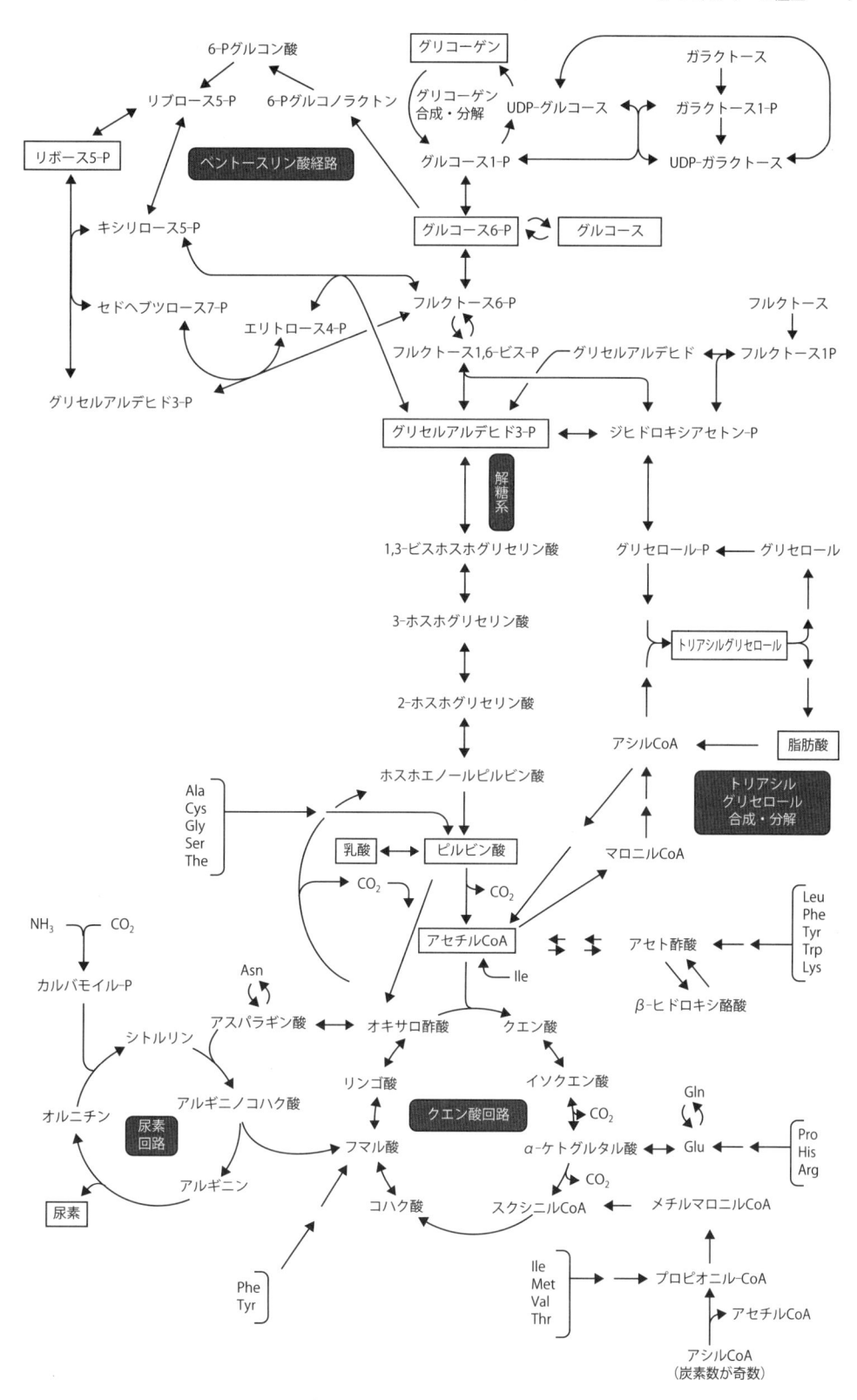

図4.20 代謝マップ（イラストレイテッド生化学［原書第5版］を改変）

3. エネルギー代謝以外の糖質および脂質代謝

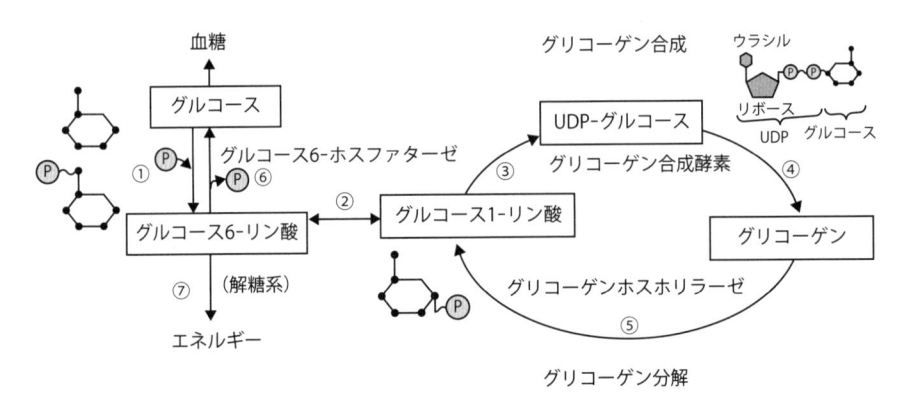

(1) グリコーゲン代謝

グリコーゲンは動物の体内に存在する多糖類であり，食後はグルコースから合成され，肝臓と筋肉に蓄積されます．一方，空腹時には，グリコーゲンはグルコースに分解されエネルギーとして利用されます．いずれも細胞のサイトゾルで行われますが，合成と分解はそれぞれ別の酵素が関与します（図4.21）．

①グリコーゲンの合成：

食事により血糖値が高くなると，グルコースが細胞に取り込まれ，取り込まれたグルコースはグルコース6-リン酸となります（①）．ここまでは解糖系と同じですが，細胞内のATP濃度が高まり始めると，グルコース代謝は蓄積の方向に進みます．

グリコーゲン合成の場合には，**ウリジン三リン酸（UTP）***が主なエネルギー供給源として必要で，グルコース6-リン酸はグルコース1-リン酸を経て（②），UTPと反応してウリジン二リン酸-グルコース（UDP-グルコース）となります（③）．UDP-グルコースは，グルコースが活性化したものであり，次のグリコーゲン合成酵素によるグリコシド結合の生成を進めやすくします．その後，枝分かれ構造の生成が起こり，最終的にグリコーゲンが合成されます（④）．

②グリコーゲンの分解：

空腹時，体内のエネルギーが不足し始めると，肝臓と筋肉に蓄積されたグリコーゲンの分解が始まります．肝臓に対してはグルカゴンやアドレナリンが，筋肉に対してはアドレナリンの働きによって，代謝は亢進されます．

グリコーゲン分解に関与する主な酵素はグリコーゲンホスホリラーゼであり，グリコーゲン鎖は切断されグルコース1-リン酸となり，さら

▼ウリジン三リン酸（UTP）
ヌクレオチドの1つ．リボース（糖）とウラシル（塩基）にリン酸が3分子結合した高エネルギーリン酸化合物．グリコーゲン合成過程でのエネルギーとなる．

図4.21 グリコーゲン代謝

に，グルコース6-リン酸となります（⑤）．

グリコーゲンの分解によって生じたグルコース6-リン酸ですが，この後の代謝は肝臓と筋肉では異なります．

・肝臓：グルコース6-ホスファターゼの作用によって，グルコース6-リン酸はグルコースとなり，血液に入り血糖値上昇の大切な役割を担います（⑥）．

筋肉：筋肉細胞はグルコース6ホスファターゼをもたないため，グルコース6-リン酸はグルコースとなることができません．その結果，筋肉グリコーゲンは血糖として放出されず，筋肉細胞内でエネルギー源として利用されます（⑦）．

（2） 糖新生

糖以外の物質からグルコースをつくることを**糖新生**といいます．糖新生は，空腹時に肝臓と腎臓で行われ，グリセロール，乳酸，糖原性アミノ酸が素材となります．

たとえば，糖原性アミノ酸の1つであるアラニンは，脱アミノ反応によってピルビン酸となり，解糖系をほぼ逆行してグルコースとなります．しかし，ピルビン酸がホスホエノールピルビン酸に変換される際，直接逆行する酵素が細胞内に存在しないため，ピルビン酸はオキサロ酢酸に一度変換された後，ホスホエノールピルビン酸となります（図

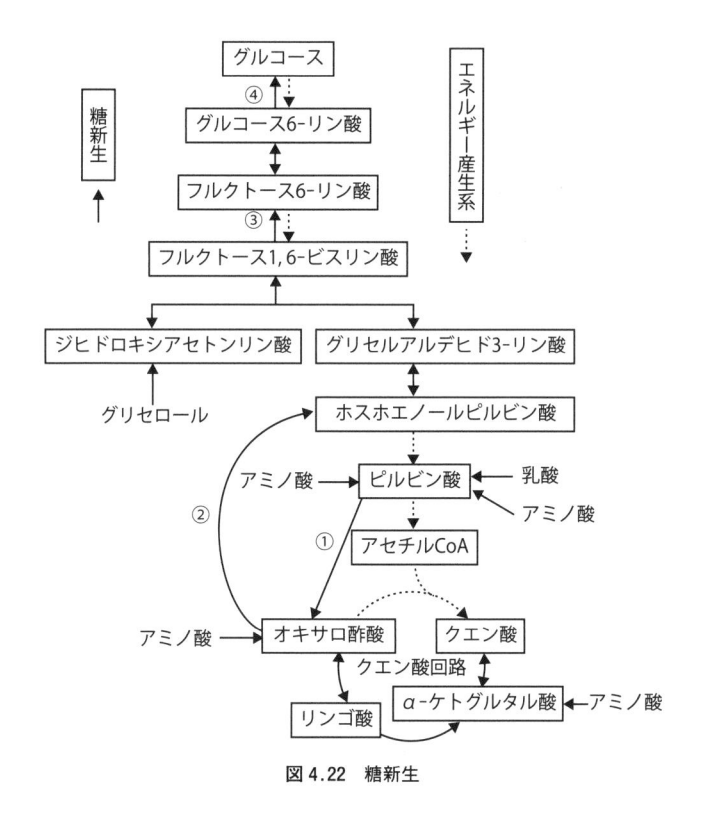

図4.22 糖新生

4.22の①→②の代謝)．また，糖新生においても解糖系と同じ酵素が関与しますが，図中③と④での解糖系酵素は付加逆反応であるため，ここでの糖新生は解糖系とは別の酵素による反応となります．なお，④はグルコース 6-ホスファターゼによる反応です．

(3) 脂肪酸の合成

脂肪酸はアセチル CoA から合成されます．食後，エネルギーが十分供給されると，グルコースからピルビン酸を介して生成されたアセチル CoA は脂肪酸となり，さらに中性脂肪（トリアシルグリセロール）となって蓄積されます．脂肪酸合成は肝臓，腎臓，脳，肺，乳腺，脂肪組織などの細胞内サイトゾルで行われます．

①飽和脂肪酸の合成

素材であるアセチル CoA は主にピルビン酸から得られますが，この反応はミトコンドリア内で行われます．そのため，脂肪酸合成の最初のステップでは，ミトコンドリア内のアセチル CoA をサイトゾルに輸送することになります．アセチル CoA はそのままではミトコンドリア内膜を通過できないので，いったんクエン酸となりサイトゾルに運ばれて，そこで再びアセチル CoA を産生します．

脂肪酸合成の第一段階は，アセチル CoA カルボキシラーゼにより，アセチル CoA をカルボキシ化してマロニル CoA に変換する反応です（①）．アセチル CoA カルボキシラーゼは補酵素としてビオチンを必要とするとともに，二酸化炭素と ATP をも必要とします．この酵素はインスリンによって活性化，グルカゴンによって不活性化されます．一方，脂肪酸合成酵素にはアセチル基が結合しアセチル酵素となり（②），そのアセチル酵素にマロニル基が結合し（③），さらに代謝が進みます（④～⑦）．次いで，脂肪酸合成酵素はマロニル CoA が順次投入され（③'），2つずつ炭素鎖を延長する（④～⑦をくり返す）ことで行われます（図 4.23）．

②不飽和脂肪酸の合成

ステアリン酸（18：0）からオレイン酸（18：1）への変換は，肝細胞の小胞体に存在する不飽和化酵素により，二重結合が導入されることで行われます．植物細胞ではオレイン酸からリノール酸，α-リノレン酸への代謝が行われますが，動物体内ではその変換に関わる酵素をもたないため，これらの脂肪酸を合成することはできません．しかし，リノール酸，α-リノレン酸を植物から摂取すれば，リノール酸からはアラキドン酸*，α-リノレン酸からは EPA，DHA を合成することが可能です（図 4.24）．

▼アラキドン酸
炭素数 20，二重結合 4 個の n-6 系多価不飽和脂肪酸．必須脂肪酸の1つ．細胞膜リン脂質の構成成分として重要である．アラキドン酸はホスフォリパーゼ A2 によってリン脂質から遊離し，エイコサノイド（プロスタグランジン，トロンボキサン，ロイコトリエン等）に代謝され，血管拡張・収縮や血小板凝集などの生理活性をもつようになる．

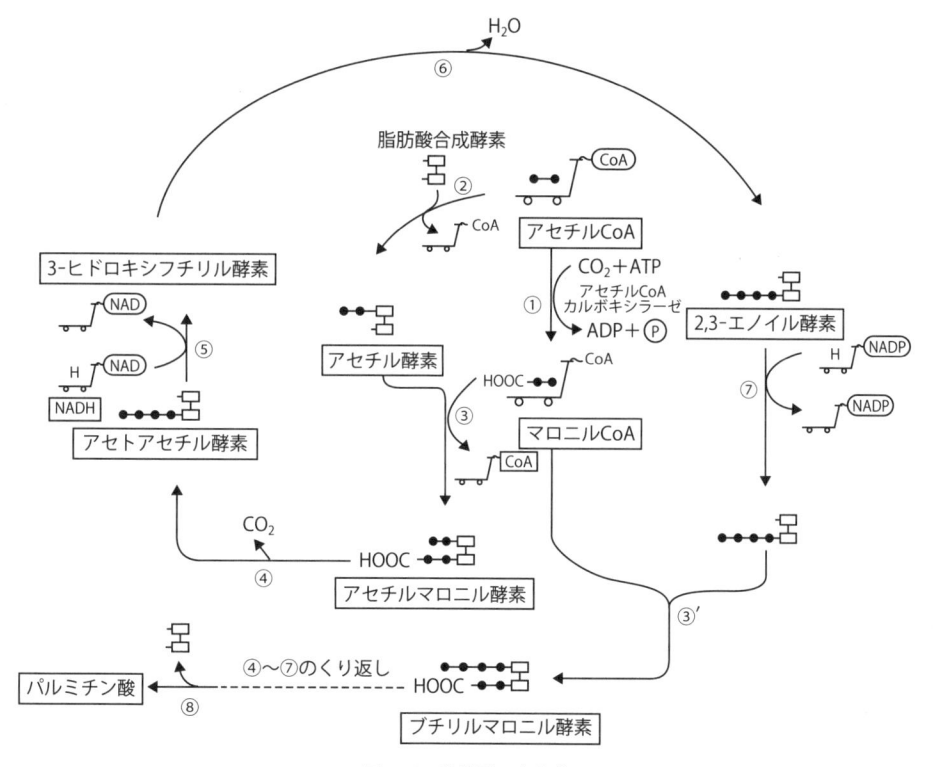

図 4.23　脂肪酸の生合成

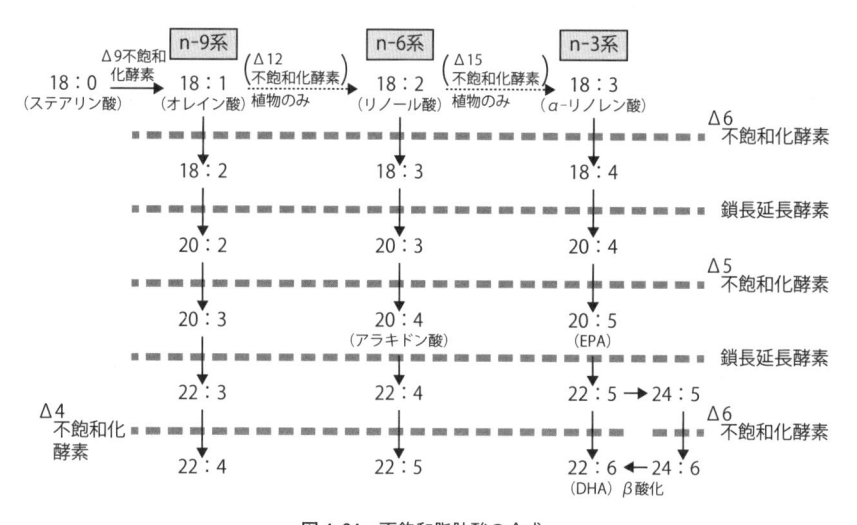

図 4.24　不飽和脂肪酸の合成

(4) トリアシルグリセロールの合成と分解
①トリアシルグリセロールの合成

　トリアシルグリセロール（TG）は，肝臓や脂肪組織などで，グリセロール-リン酸の骨格に脂肪酸がエステル化することによって行われま

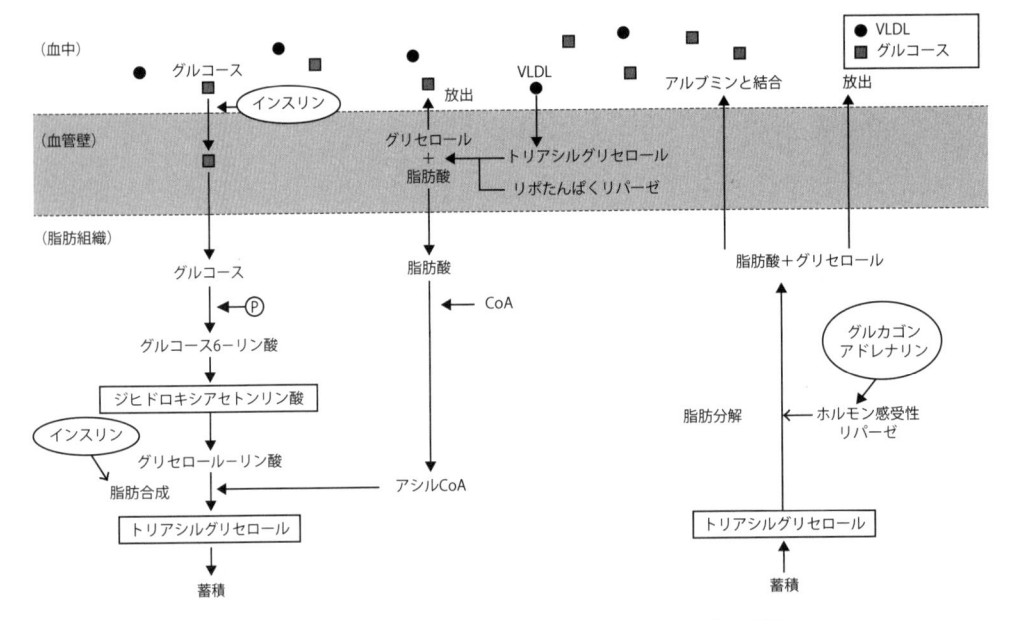

図 4.25 脂肪組織におけるトリアシルグリセロールの合成と分解

す．脂肪組織では，グリセロール-リン酸はグルコースから解糖系で生じたジヒドロキシアセトンリン酸からつくられます．一方，脂肪酸は，キロミクロンやVLDLによって運ばれたトリアシルグリセロールが毛細血管壁に存在するリポたんぱく質リパーゼ*によって分解され，細胞内に取り込まれ供給されます（図4.25）．

肝臓ではグリセロールをリン酸化する酵素が存在するため，グリセロールそのものもグリセロール-リン酸の供給源となることができます．しかし，脂肪組織ではこの酵素が存在しないため，グリセロール-リン酸の供給はグルコースに頼ることになります．糖質の過剰摂取によって血糖濃度が上昇すると，インスリンの働きによって脂肪細胞へのグルコース取り込みが上昇し，一方，肝臓では余剰のグルコースからトリアシルグリセロールの合成がさかんになり，VLDLとして血中に放出されます．血糖によるグルコースとVLDLによる脂肪酸の供給が高まり，脂肪細胞ではトリアシルグリセロールの合成が亢進します．

②トリアシルグリセロールの分解

空腹時，体脂肪として蓄積されているトリアシルグリセロールは，脂肪酸とグリセロールに分解されます．この反応に関わる酵素はホルモン感受性リパーゼ*といい，グルカゴンやアドレナリンによって活性化され，インスリンによって不活性化されます．グリセロールは血中に拡散し，脂肪酸はたんぱく質であるアルブミンと結合して血中を運搬され，必要な組織に取り込まれエネルギーとして利用されます（図4.25）．

▼リポたんぱくリパーゼ
リポたんぱく質中のトリアシルグリセロールを分解する酵素．キロミクロンやVLDLによって運ばれたトリアシルグリセロールは毛細血管壁に存在するリポたんぱく質リパーゼによって分解される．生じた遊離脂肪酸は各組織へ取り込まれ利用される．リポたんぱく質リパーゼ欠損により原発性（家族性）脂質異常症を呈する．

▼ホルモン感受性リパーゼ
脂肪組織に存在するトリアシルグリセロールを分解する酵素．空腹になるとグルカゴンやアドレナリンによってホルモン感受性リパーゼは活性化され，脂肪組織中に蓄積されているトリアシルグリセロールはグリセロールと遊離脂肪酸に分解される．

第5章 内部環境の調節

1. 外部環境と内部環境

　生物は，気温や湿度，あるいは酸素濃度など体の外の環境（外部環境）にさらされており，外部環境が変動しても体の中の環境（内部環境）をほぼ一定に保ちながら生命活動を営んでいます．この内部環境という言葉はフランスの生理学者であるベルナール*によって名づけられ，また，生物のもつ内部環境をほぼ一定に保つ能力は，アメリカ合衆国の生理学者であるキャノン*によって，**ホメオスタシス**（恒常性）と呼ばれました．

　では，内部環境とは具体的に体の中のどの部分を指すのでしょうか．

　私たちの体の外側は，上皮組織という細胞の層によって覆われています．そして，上皮組織の内側では，上皮組織以外の細胞が血液やリンパ液*，細胞間液などといった体液（細胞外液）の中に存在しています．

　体のあらゆる場所に存在する細胞外液は，血漿として全身を巡る血流によって混合されるため，ほぼ完全に均一となっています．そして，この細胞外液は全身のすべての細胞に運ばれ，細胞間液として毛細血管と細胞との間を往き来しています．また，細胞外液は全身のすべての細胞と接触して，呼吸器系で取り込んだ酸素や消化管で消化・吸収した栄養素を供給するとともに，全身のすべての細胞から代謝産物（老廃物）や二酸化炭素を受け取り，排出しています．代謝産物の排出には主に腎臓が関わり，二酸化炭素の排出には呼吸器系が関わっています．

　呼吸器系：細胞が必要とする酸素を肺胞で受け取り，細胞から放出された二酸化炭素を肺胞から排出します．肺胞の膜と肺胞を取り囲む毛細血管の膜は非常に薄い単層扁平上皮となっており，その厚さはわずか$0.4 \sim 2.0 \mu m$しかありません．この膜を構成している細胞の隙間を通ることにより，大気中から取り込まれた酸素は血漿中に分散している赤血球に達し，赤血球内のヘモグロビンに結合して全身に運ばれ，一方，赤血球内あるいは血漿に溶け込んでいた二酸化炭素は大気中へと移動します．

　消化管：食物の消化産物である単糖類やアミノ酸，小さいペプチドなどの水溶性栄養素が小腸の吸収上皮細胞を通って血漿中へと移動し，また脂肪酸やコレステロール，あるいは脂溶性ビタミンなどの脂溶性栄養素は，小腸の吸収上皮細胞内でキロミクロンというマイクロカプセルを

▼クロード・ベルナール（Claude Bernard, 1813-78）
19世紀最大の生理学者といわれている．フランスで生まれ，当初は劇作家になることを目指したが，のちに医学を目指したといわれる．生体内環境の恒常性という概念を発表した．また，グリコーゲンを発見し名づけた．

▼ウォルター・ブラッドフォード・キャノン（Walter Bradford Cannon, 1871-945）
アメリカの生理学者．生物有機体が常に生理学的にバランスのとれた状態を維持する傾向にあることを示す概念である「ホメオスタシス（同一の[homeo]＋状態[stasis]＝恒常性）」を提唱した．

▼リンパ液
リンパ管に流れ込んだ組織液のこと．リンパ液の99.9％以上は毛細血管からしみだし，組織間隙に移動した液体がリンパ管に再吸収されたものである．リンパ液によって運ばれた物質はリンパ節を通過し，異物が取り除かれたうえで，血流に戻る．

形成し，リンパ液中へと移動します．キロミクロンを運ぶリンパ液はその後，血漿と合流します．

腎臓：大量の血液が流れており，全身のすべての細胞から受け取った代謝産物が血漿から取り除かれます．腎臓では，はじめに糸球体でたんぱく質など分子量の大きな物質以外のほとんどの物質が尿細管へと濾過され，次に体に必要なグルコースやアミノ酸，水，イオン類が再吸収されます．その結果，体に必要ではない尿素などの代謝産物のほとんどが尿細管から集合管を経て尿中へと排出されます．

このような理由から，上皮組織以外の，細胞を取り囲む細胞外液のことを**内部環境**と呼んでいます（図5.1）．

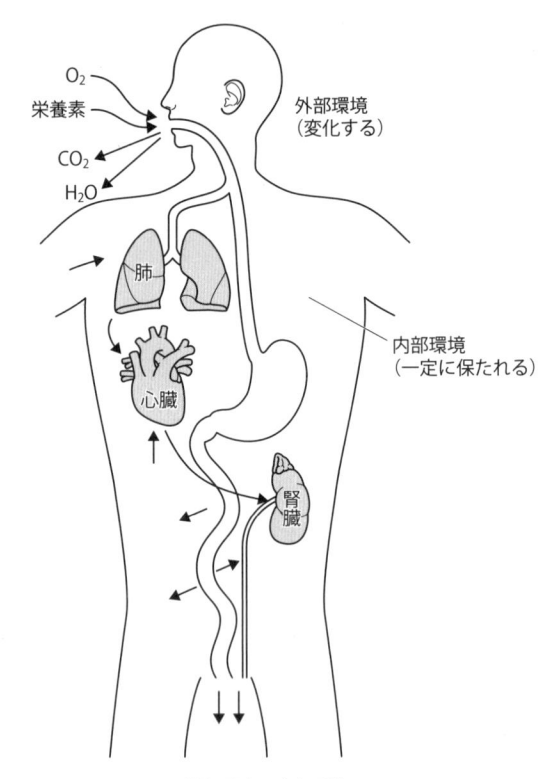

図5.1 外部環境と内部環境
矢印は細胞外液の流れを示す．

2. 内部環境の調節

内部環境である細胞外液では，その温度や組成，pH，グルコース濃度などが「負のフィードバック」によって一定の狭い範囲内に保たれるように調節されています（図5.2）．

たとえば，食事をすると，食事に含まれる糖質が消化・吸収され，血液中のグルコース濃度（血糖値）が上昇します．この血糖値の上昇が，「体内の状態の変化」です．血糖値が上昇すると，「受容器」（体内の種々の部位に存在するグルコース受容体）によって感知されます．受容器は，血糖値を感知してその情報を「調節中枢」に送ります．

受容器からの情報を受け取った調節中枢は，基準となる血糖値（およそ 80～125 mg/dL）と比べて血糖値が高いと判断すると，上昇した血糖値を低下させるような情報を「効果器」（膵臓）に送ります．膵臓からインスリンが分泌されることによって，血液中のグルコースが骨格筋細胞や脂肪細胞などに取り込まれ，上昇した血糖値が低下します．インスリンが分泌されることが「反応」です．これにより，体内の状態（血糖値）が変化します．まだ血糖値が十分に低下していない場合は，この状態を受容器が感

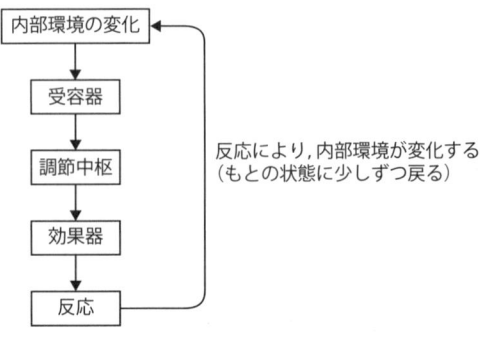

図5.2 内部環境の調節

知し，基準となる血糖値になるまで，調節が繰り返されます．このように，状態の変化という情報を受け取り，処理してもとの状態に戻すことをフィードバックといい，このフィードバックによって状態の変化の程度が小さくなっていくことから，内部環境の調節は「負のフィードバック」と呼ばれています．

内部環境そのものは，主としてホルモンによって調節されています．ホルモンとは，内分泌腺などから主に血液中に放出され，その受容体をもつ細胞の働きを調節する物質です．そして，ホルモンの分泌も，別のホルモンによって一定になるように調節されています．

ところで，内部環境そのものを調節するホルモンは主に血液中に放出されることから，内部環境の調節にはもう1つの因子が関わってきます．それは，血液の流れです．

血液の流れは心拍数や血管の太さによって変動するため，心拍数や血管の太さも調節されなければなりません．心拍数や血管の太さは，末梢神経に分類される**自律神経系***によって調節されています．さらに，内部環境である細胞外液には，病原菌などの細菌が入り込むことは許されません．そこで，病原菌などの細菌を排除する免疫系も，内部環境の恒常性の維持に関わっているということができます．

▼**自律神経系**
自律機能を司る末梢神経系．不随意的に調節される．運動系を高める交感神経系と消化・泌尿器系を高める副交感神経系とがある．神経節があり，節前神経と節後神経とに分かれることも大きな特徴である．

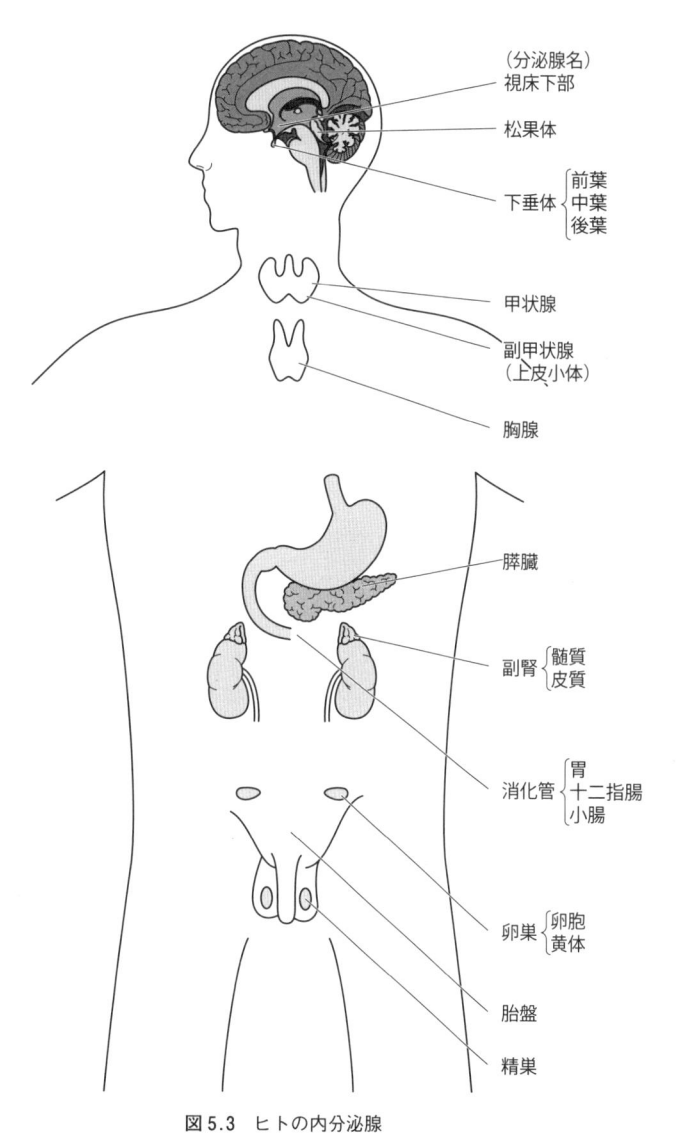

(1) 内分泌系による調節

下垂体・甲状腺・副甲状腺・膵臓・副腎・松果体・精巣・卵巣・胎盤など，ホルモンを分泌する器官をまとめて内分泌系といいます（図5.3）．ホルモンは内分泌器官の細胞から直接血液中などに分泌されるため，内分泌系は，分泌のための導管をもっていません．また，ホルモンは主に血液中に分泌されるため，内分泌系の器官には血管が発達しています．

図5.3 ヒトの内分泌腺

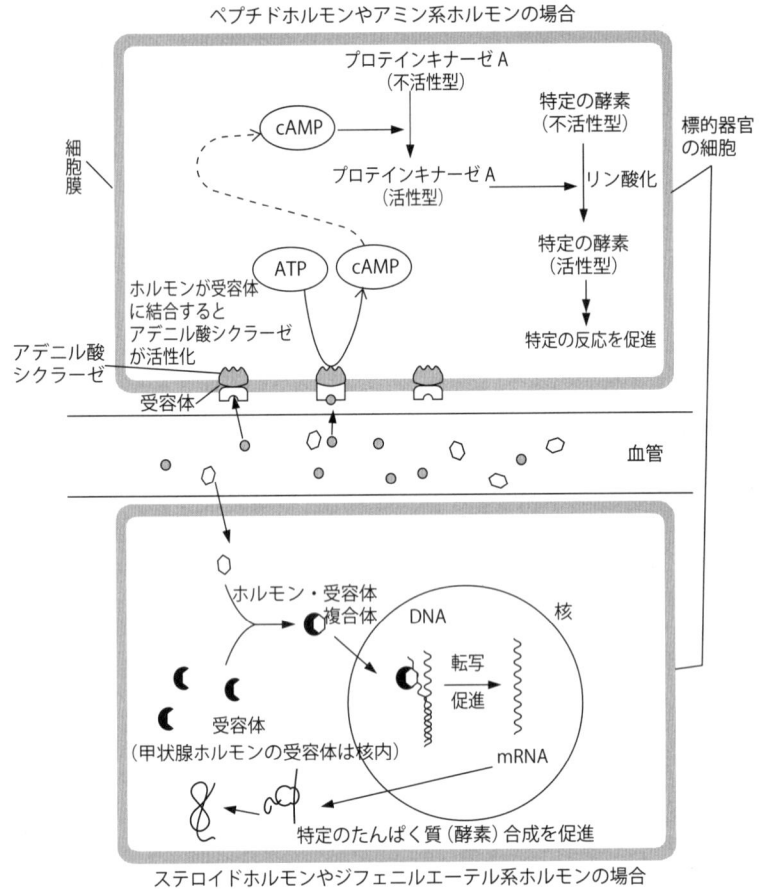

図5.4　ホルモンの受容体と作用機構

　血液中などに分泌されたホルモンは，そのホルモンと特異的に結合する部位（受容体）をもっている組織や器官に受け取られます．ある特定のホルモンと特異的に結合する受容体をもっている組織や器官を，標的組織あるいは標的器官といいます．受容体はたんぱく質でできており，細胞膜に埋め込まれたもの（膜結合型受容体）と細胞質に浮かんでいるもの（細胞内受容体もしくは核内受容体）に大別することができます（図5.4）．

(1) ペプチドホルモンやアミン系ホルモンの場合

　膜結合型受容体は，細胞膜を通り抜けることができないペプチドホルモンやアミン系ホルモンを細胞膜上で受け取る受容体です．視床下部や下垂体，甲状腺，副甲状腺，膵臓から分泌されるホルモンの多くはペプチドホルモンで，副腎髄質から分泌されるホルモンはアミン系ホルモンです．ペプチドホルモンやアミン系ホルモンが膜結合型受容体と細胞の外側で結合すると，受容体たんぱく質の形が変化する結果，アデニル酸シクラーゼという酵素が活性化し，細胞内のATPを基質として**サイク**

表5.1 内分泌器官とホルモン

内分泌器官		分泌されるホルモン	分泌刺激	標的器官	作用
視床下部		副腎皮質刺激ホルモン放出ホルモン（CRH）	神経系	下垂体前葉	副腎皮質刺激ホルモン（ACTH）分泌を刺激
		甲状腺刺激ホルモン放出ホルモン（TRH）	神経系	下垂体前葉	甲状腺刺激ホルモン（TSH）分泌を刺激
		成長ホルモン放出ホルモン（GRH）	神経系	下垂体前葉	成長ホルモン（GH）分泌を刺激
		性腺刺激ホルモン放出ホルモン（GnRH）	神経系	下垂体前葉	黄体形成ホルモン（LH）分泌を刺激 卵胞刺激ホルモン（FSH）分泌を刺激
		ソマトスタチン	神経系	下垂体前葉	成長ホルモン（GH）分泌を抑制
		ドーパミン	神経系	下垂体前葉	プロラクチン（PRL）分泌を抑制
		（バソプレッシン（ADH）の産生）	神経系	（下垂体後葉に分泌）	（下垂体後葉に移行）
		（オキシトシンの産生）	神経系	（下垂体後葉に分泌）	（下垂体後葉に移行）
下垂体	前葉	副腎皮質刺激ホルモン（ACTH）	CRH	副腎皮質	グルココルチコイド分泌を刺激
		甲状腺刺激ホルモン（TSH）	TRH	甲状腺	トリヨードチロニン（T3）分泌を刺激 チロキシン（T4）分泌を刺激
		成長ホルモン（GH）	GRH	骨	骨端軟骨の成長を刺激
				脂肪組織	脂肪酸の放出を刺激
				骨格筋など	たんぱく質の合成を刺激
				肝臓	グリコーゲンの分解による血糖上昇を刺激
		黄体形成ホルモン（LH）	GnRH	卵巣	排卵，黄体形成，黄体からのプロゲステロン分泌を刺激
				精巣	ライディヒ細胞からのテストステロン分泌を刺激
		卵胞刺激ホルモン（FSH）	GnRH	卵巣	卵胞の発育と成熟を刺激
					エストロゲンの産生と分泌を刺激
				精巣	精子形成を刺激
		プロラクチン（PRL）	ドーパミン（分泌抑制）	乳腺	乳汁の分泌を刺激
				卵巣	黄体ホルモンの分泌を刺激
	後葉	バソプレッシン（ADH）	血漿浸透圧上昇	腎臓	アクアポリンを介した水の再吸収を刺激
		オキシトシン	神経系（吸啜など）	乳腺	射乳を刺激
				子宮	平滑筋の収縮を刺激
甲状腺		トリヨードチロニン（T3），チロキシン（T4）	TSH	全身の組織・細胞	代謝を刺激
		カルシトニン	血中カルシウム上昇	骨	骨形成の促進による血中カルシウム低下を刺激
副甲状腺		副甲状腺ホルモン（パラトルモン，PTH）	血中カルシウム低下	骨	骨吸収の促進による血中カルシウム上昇を刺激
				腎臓	ビタミンDの活性化を刺激
膵臓		インスリン	血糖値の上昇		骨格筋や脂肪組織などへのグルコースの取り込みを刺激
		グルカゴン	血糖値の低下	肝臓	グリコーゲン分解による血糖上昇を刺激
副腎	皮質	グルココルチコイド	ACTH	骨格筋など	たんぱく質の分解による血糖上昇を刺激
		アルドステロン	アンギオテンシンIIなど	腎臓	ナトリウムの再吸収とカリウムの排泄を刺激
	髄質	アドレナリン	神経系	肝臓，骨格筋	グリコーゲン分解を刺激
				脂肪組織	脂肪酸の放出を刺激
				心臓	拍出量の増加による血圧上昇を刺激
		ノルアドレナリン		肝臓，骨格筋	グリコーゲン分解を刺激
				脂肪組織	脂肪酸の放出を刺激
				心臓	拍出量の増加による血圧上昇を刺激
				気管支	拡張を刺激
卵巣		エストロゲン	LH，FSH	下垂体前葉	黄体形成ホルモン（LH）分泌を刺激
				子宮	子宮内膜の成長を刺激
				脂肪組織など全身	第二次性徴発現を刺激
		プロゲステロン	LH，FSH	子宮	子宮の発達，受精卵の着床など妊娠の維持
精巣		テストステロン	LH	精巣	精子形成の維持
				骨格筋など全身	たんぱく質の合成促進などによる第二次性徴発現を刺激

リック AMP（cAMP）*をつくります．生成した cAMP は細胞質の cAMP 依存性プロテインキナーゼ*A を活性化し，活性化されたプロテインキナーゼ A は，最終的には細胞内のたんぱく質のリン酸化を起こすことによって，細胞内の反応や細胞の活動を起こさせます．

（2）ステロイドホルモンやジフェニルエーテル系ホルモンの場合

細胞質受容体は細胞質に浮かんでおり，細胞膜を通り抜けることができるステロイドホルモンやジフェニルエーテル系ホルモンを受け取ります．甲状腺ホルモンであるトリヨードチロニンやチロキシンはアミノ酸の 1 つであるチロシンから合成されるジフェニルエーテル系ホルモンで，副腎皮質や精巣，卵巣から分泌されるホルモンはコレステロールから合成されるステロイドホルモンです．ステロイドホルモンやジフェニルエーテル系ホルモンが細胞質受容体と結合するとホルモン-受容体複合体となり，核内の DNA と結合して mRNA への転写を起こさせます．最終的には特定のたんぱく質が合成され，ホルモンが作用した細胞の成長や分化が起こります．

（3）ホルモン分泌の調節作用

分泌する内分泌器官あるいは腺組織でホルモンを分類したものを，表 5.1 に示します．

内分泌系はそれぞれの内分泌器官や内分泌腺が独立して機能しているのではなく，外部環境の変化への適応，あるいは内部環境の恒常性の維持などを目的として，いくつかの内分泌器官や内分泌腺が連携し合って，負のフィードバックを形成しています．

たとえば，細菌感染などによる炎症は神経系によって感知され，その情報が視床下部に伝えられます．すると，視床下部から**副腎皮質刺激ホルモン放出ホルモン（CRH）**が分泌され，下垂体に存在する CRH 受容体に結合します．CRH を受容した下垂体からは**副腎皮質刺激ホルモン（ACTH）**が分泌され，副腎皮質に存在する ACTH 受容体に結合します．副腎皮質は ACTH を受容することにより，炎症を抑える作用をもつ副腎皮質ホルモン（グルココルチコイド）を分泌する結果，炎症が抑えられるというフィードバックができあがります．

また，体温が低下してくると，その情報は神経系によって感知され，視床下部に伝えられます．すると，視床下部から**甲状腺刺激ホルモン放出ホルモン（TRH）**が分泌され，TRH を受容した下垂体から**甲状腺刺激ホルモン（TSH）**が分泌され，さらに TSH を受容した甲状腺から甲状腺ホルモンが分泌される結果，全身の代謝が活発になり，体温が上昇するというフィードバックができあがります．

（2）自律神経系による調節

神経系の構成単位である**神経細胞（ニューロン）**は一般的に，細胞体

▼サイクリック AMP（cAMP）
AMP に含まれるリボースの 3' と 5' とリン酸が環状に結合したもの．ホルモンなどの一次情報伝達体を感受したアデニル酸シクラーゼの働きで ATP から合成される二次の情報伝達体（セカンドメッセンジャー）．

▼プロテインキナーゼ
ATP のリン酸基をたんぱく質に付加する酵素．多くの酵素たんぱく質はリン酸化と脱リン酸化で活性が調節される．リン酸化に働く酵素はキナーゼ，脱リン酸化に働く酵素はホスファターゼと呼ばれる．生体のもつ重要な調節機構の 1 つである．

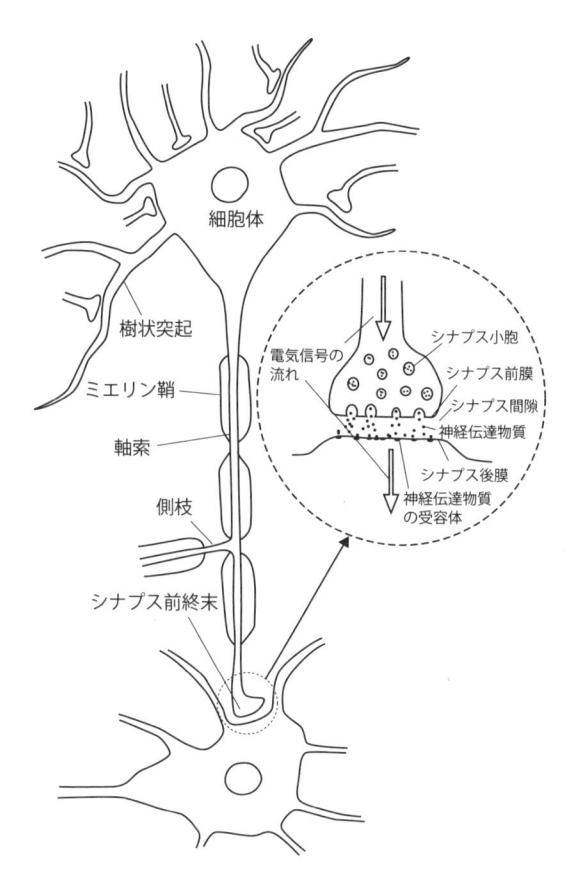

図5.5 ニューロンとシナプス

と，**軸索***，樹状突起と呼ばれる2つの突起から構成されています．ニューロンは，枝分かれした樹状突起を経由して他の多くのニューロンから信号を受け取り，その信号を次のニューロンへ伝達するための処理をしています．軸索は，筋細胞や腺細胞のような効果器，あるいは他のニューロンへ信号を伝達しています．ヒトの神経系にはこのようなニューロンが1000億個以上存在し，一定の秩序のもとで活動しています．

軸索が効果器や他のニューロンと連絡する部位を**シナプス***といい，シナプスにおける信号の伝達は神経伝達物質という化学物質によって行われます（図5.5）．

軸索を伝わってくる信号は電気信号ですが，シナプス前膜上の小胞は電気信号を受けると神経伝達物質を放出します．放出された神経伝達物質はシナプス間隙を拡散してシナプス後膜に達し，シナプス後膜上の受容体に結合して新たな電気信号を発生させます．シナプスを介した信号の流れは一方向にのみ進み，シナプスは信号の流れをバルブのように調節するため，神経系では秩序だった信号の制御が行われます．

神経系は中枢神経系と末梢神経系の2つに分けられ，末梢神経系はさらに体性神経系と自律神経系に分けられます（図5.6）．

▼軸索
ニューロン（神経細胞）体より伸びている突起状の構造．神経線維のこと．ニューロンは通常幾本かの樹状突起によって構成されているが，その中で隣接する細胞に接続するために伸びた1本の突起を軸索と呼ぶ．

▼シナプス
ニューロン（神経細胞）とニューロン間およびニューロンと筋肉などの効果器との接合部位．興奮を与える側をシナプス前側（前膜），これを受け取る側をシナプス後側（後膜）といい，両者の細胞膜には2〜20nmの間隙がある．

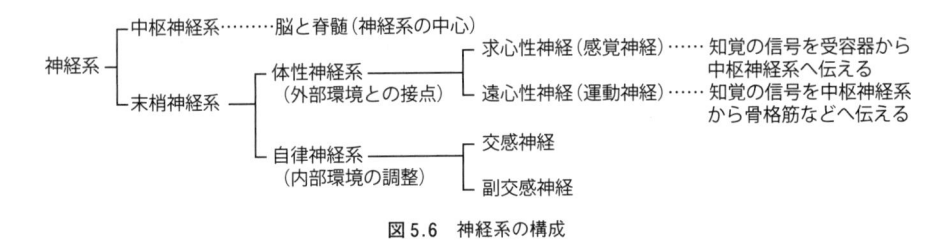

```
          ┌ 中枢神経系 ……… 脳と脊髄（神経系の中心）
          │              ┌ 体性神経系  ┌ 求心性神経（感覚神経）…… 知覚の信号を受容器から
神経系 ──┤              │ （外部環境との接点）│              中枢神経系へ伝える
          │              │            └ 遠心性神経（運動神経）…… 知覚の信号を中枢神経系
          └ 末梢神経系 ──┤                                      から骨格筋などへ伝える
                         │ 自律神経系  ┌ 交感神経
                         └ （内部環境の調整）└ 副交感神経
```

図5.6 神経系の構成

表5.2 交感神経系と副交感神経系の働き（『コア・スタディ人体の構造と機能』朝倉書店, p.52）

効果器	交感神経活動に対する応答	副交感神経活動による応答
眼	散瞳・毛様体筋弛緩	縮瞳・毛様体筋の収縮
涙腺	−	分泌
唾液腺	分泌	分泌
心臓	心拍数増加 心収縮力増加 伝導速度増加	心拍減少 伝導速度減少
気道・肺	気管支筋弛緩	気管支筋収縮・気管支腺分泌
肝臓	グリコーゲン分解	グリコーゲン合成
脾臓	血管収縮	−
副腎髄質	カテコールアミン分泌	−
胃腸管	平滑筋弛緩・分泌抑制	平滑筋収縮・分泌促進
膵臓	膵液分泌抑制・インスリン分泌抑制	膵液分泌促進・インスリン分泌促進
腎臓	レニン分泌	−
直腸	平滑筋弛緩・括約筋収縮	平滑筋収縮・括約筋弛緩
膀胱	排尿筋弛緩・括約筋収縮	排尿筋収縮・括約筋弛緩
生殖器	男性性器射精	男性性器勃起
汗腺	分泌	−
血管	収縮	−
立毛筋	収縮	−

　心臓の拍動や腸の蠕動，発汗，内分泌機能，生殖機能，栄養素など各種物質の代謝などに関わる個々の臓器の動きは自分の意志で自由に調節することはできず，自律神経によって調節されています．そして，自律神経系は内分泌系と深く関わりあいながら，内部環境の調節を行っています．

　自律神経系の中枢は**中脳***，**延髄***，脊髄にあり，これら3つの中枢を統合するさらなる中枢として，**間脳***の視床下部があります．視床下部は各種の刺激ホルモン放出ホルモンを分泌することに加えて自律神経系の中枢を統合していることから，内部環境は視床下部によって調節されているといえます．

　自律神経系は**交感神経**と**副交感神経**の2つの神経系からなり，多くの場合，1つの臓器の動きが交感神経と副交感神経の両方によって調節されており（二重支配），また，1つの臓器に対して一方が促進的に作用し，もう一方が抑制的に作用します（相反支配）（表5.2）．一般的に，活動状態や緊張状態では交感神経が働くため，目を見開き，心拍数や血圧は上昇し，体毛が逆立つ一方で消化管などの働きは抑えられ，逆に，休息しているときや緊張がほぐれた状態では副交感神経が働くため，瞳孔が小さくなり，心拍数が低下する一方で消化管などの働きが活発にな

▼中脳
上は間脳，下は橋に続く脳幹の一部．なめらかな動きを可能にする錐体外路性運動系の重要な中継所が存在する．このほか，対光反射，視聴覚の中継所，眼球運動反射，姿勢反射（立ち直り反射）等の中枢である．

▼延髄
脳の最下部で，脊髄の上端部に続く部分．脊髄よりも太く円錐形を呈している．呼吸中枢，血管運動中枢，心臓中枢などの自律神経の中枢があり，生命維持のうえで重要な部分である．

▼間脳
中脳と大脳半球との間にあり，大脳半球に取り囲まれている．間脳には第三脳室が納められている．間脳の上後部から松果体が，下部からは下垂体が突出している．間脳は視床と視床下部からなる．

2. 内部環境の調節

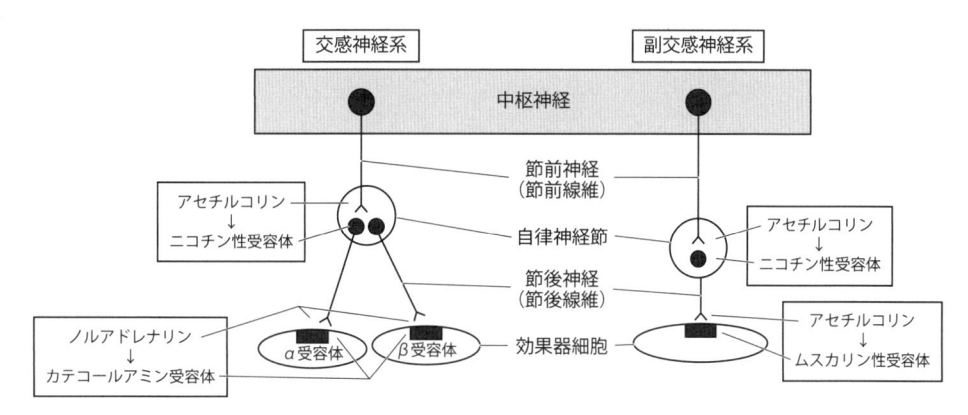

図5.7 自律神経系の伝達物質と受容体

ります.

自律神経系のニューロンは，直接それぞれの臓器に接続しているのではなく，いったん神経節と呼ばれる神経細胞が集合した構造体に接続しています．すなわち，中枢神経から神経節に向かう節前神経節ニューロンと，神経節から臓器に向かう節後神経節ニューロンに分けられます．節前神経節ニューロンから節後神経節ニューロンへの刺激の伝達は交感神経系，副交感神経系ともにコリン作動性といい，**アセチルコリン***が神経伝達物質として分泌されています．節後神経節ニューロンから各臓器への刺激の伝達は，交感神経ではほとんどの場合，アドレナリン作動性，すなわち，**ノルアドレナリン***によって伝達されます．一方，副交感神経節ニューロンから各臓器への刺激の伝達は，コリン作動性，すなわちアセチルコリンによって伝達されます．

副腎髄質はそれ自体が神経節となっており，節前交感神経節ニューロンからアセチルコリンが分泌されると，**アドレナリン***やノルアドレナリンを血液中に分泌します（図5.7）．

(3) 神経系と内分泌系による細胞外液の恒常性の維持
1) 細胞外液量とナトリウムイオンの調節

細胞外液量は，外部環境へ排出される水と外部環境から取り込む水の量を調節することによって維持されており，とくに，水の排出量は腎臓でバソプレッシンによる水の再吸収の調節というかたちで調節されています．バソプレッシンは，腎臓の集合管の細胞に作用して，アクアポリンというたんぱく質を細胞膜に移動させることにより細胞膜の水透過性を高め，水の再吸収を促すホルモンです．バソプレッシンは，視床下部の神経分泌細胞で合成され，軸索を通って下垂体後葉に運ばれて貯蔵されています．

発汗などで体内の水が減少し，細胞外液の浸透圧が上昇すると，視床下部にある浸透圧受容器がこれを感知し，情報が視床下部の飲水中枢に

▼アセチルコリン
代表的な神経伝達物質の1つ．シナプス小胞体内に存在し，次の神経細胞への刺激伝達のために放出される．アセチルコリンを伝達物質とする神経をコリン作動性神経といい，運動神経や副交感神経節後神経はこれに属する．

▼ノルアドレナリン
交感神経の節後線維（アドレナリン作動性）から放出される神経伝達物質．副腎髄質からもアドレナリンとともに血管に内分泌されている．血圧上昇，心拍数増大，気管支拡張，血糖値上昇，遊離脂肪酸上昇などが代表的な作用である．

▼アドレナリン
副腎髄質ホルモンでもあり神経伝達物質でもある．副腎髄質細胞や限定された脳の神経細胞で，チロシンよりドーパ，ドーパミンを経て合成される．糖質代謝においては，肝臓グリコーゲンの分解を促進して血糖値を上昇させ，脂肪代謝においては脂肪の動員と脂肪酸の酸化を促す．

伝えられて飲水行動を起こすとともに，下垂体後葉にも情報が神経系を介して送られます．信号を受けた下垂体後葉は，バソプレッシンを分泌して腎臓の集合管での水の再吸収を起こさせます．

一方，出血によって多量の細胞外液が失われると，心臓の圧受容器がこれを感知して延髄への信号の量を調節し，交感神経を介して心臓の拍出活動を活発にするとともに，末梢血管を収縮させて失血を防ぎつつ低下した血圧を上昇させます．

さらに，多量の細胞外液が失われると腎臓への血流量が減少します．腎臓への血流量の減少は傍糸球体装置*によって感知され，レニンという酵素が分泌されます．レニンは血漿中のアンギオテンシノーゲンというたんぱく質の一部を切断してアンギオテンシン I をつくります．次に，アンギオテンシン I は変換酵素によってアンギオテンシン II というホルモンとなり，バソプレッシンの分泌を促すとともに，飲水行動をひき起こし，さらに副腎皮質からのアルドステロン分泌を促進します．

アルドステロンは，尿細管を構成する細胞の尿細管とは反対側の細胞膜に作用します．ここにはナトリウムポンプが存在し，アルドステロンの作用を受けて，尿細管側から血管側へとナトリウムイオンを汲み出すとともに，カリウムイオンを血管側から尿細管側へと移動させます．この結果，アルドステロンによってナトリウムイオンの再吸収とカリウムイオンの排出が成立します．

2) 動脈血圧の調節

大動脈弓や頸動脈の壁には圧受容器という血圧センサーが存在し，血圧が上昇して動脈の壁が伸びると作動するようになっています．血圧があらかじめ設定されている数値よりも高くなると，圧受容器は延髄に向けて神経系を介した信号を出します．信号を受けた延髄は，血管運動中枢から交感神経系を介して，心臓や血管に伝えられる信号の数を減少させます．この信号の数の減少により，心臓の拍出活動が低下するとともに末梢血管の拡張が起こり，血圧があらかじめ設定されている数値に戻ります．

反対に，血圧があらかじめ設定されている数値よりも低くなると，圧受容器から延髄に向かう信号が減少し，心臓の拍出活動が活発になるとともに末梢血管が収縮し，血圧があらかじめ設定されている数値に戻ります．

3) 血糖値の調節

ヒトでは，血中グルコース濃度，すなわち血糖値は，食事の直後を除いておよそ 100 mg/dL になるように調節されています．

血糖値がおよそ 100 mg/dL よりも高くなると，視床下部の腹内側核（満腹中枢）に存在するグルコース受容ニューロン（グルコースセンサー）が作動し，満腹感が生じるとともに，延髄に向けて神経系を介した

▼傍糸球体装置
腎臓の濾過装置である糸球体のそばに存在．輸入細動脈と遠位尿細管の接する領域にあり，主に尿量調節を行う．糸球体ろ過を促進するのに十分でなければ，傍糸球体装置はレニンを分泌し，血圧上昇に働く．

信号を出します．信号を受けた延髄は，副交感神経を介して膵臓に作用し，**インスリン***を分泌させます．インスリンは，血液中のグルコースを脂肪組織や骨格筋，肝臓に取り込ませることにより，血糖値をおよそ100 mg/dLになるまで低下させます．

逆に，血糖値がおよそ100 mg/dLよりも低くなると，視床下部の外側野（摂食中枢）に存在するグルコース感受性ニューロン（グルコースセンサー）が作動し，空腹感が生じるとともに，延髄に向けて神経系を介した信号を出します．信号を受けた延髄は，交感神経を介して膵臓に作用し，**グルカゴン***を分泌させます．グルカゴンは，肝臓に蓄えられていたグリコーゲンを分解してグルコースとし，血液中に放出します．このほか，副腎髄質からのアドレナリンの分泌や副腎皮質からのグルココルチコイドの分泌，脳下垂体からの成長ホルモンの分泌，甲状腺からの甲状腺ホルモンの分泌も加わり，血糖値がおよそ100 mg/dLになるまで上昇します．

(4) 免疫系による調節

外部環境には体に害を及ぼす微生物（細菌やウイルス，真菌，寄生虫など）が存在し，これらが内部環境である細胞外液に侵入すると，内部環境が変化してしまいます．また，移植された臓器，あるいは体内で増殖を始めたがん細胞なども，同様に内部環境を変化させてしまいます．内部環境の恒常性を維持するためには，適切な生体防御機構を用いて，このような微生物や臓器，細胞など（これらを総称して「異物」と表現します）を排除しなければなりません．

生体防御機構には，異物の種類を問わない非特異的防御機構と，ある特定の異物のみを排除する特異的防御機構があります．

1) 非特異的防御機構

非特異的防御機構として最初に外来異物（微生物）の前に立ちはだかるのは，物理的な障壁です．体の表面を覆い，内部環境を取り囲む上皮組織は，細胞が密着結合によりしっかりと結合していて，微生物が簡単には内部環境に侵入できないようになっています．また，皮膚の表面からは皮脂（脂肪酸）が分泌されており，微生物の活性を低下させる働きをしています．呼吸とともに気管に侵入した微生物は，気管の上皮組織表面の繊毛に分泌される粘液によって捕捉され，繊毛運動によって口の方へ押し戻されます．

このような物理的障壁を越えて微生物が侵入した場合には，二番目の非特異的防御機構として**食細胞**（マクロファージや**好中球**）が登場します．食細胞は侵入した微生物を貪食し，**リゾチーム***や活性酸素，一酸化窒素などによって微生物を傷害し，さらにリソソーム酵素を用いて消化（分解）します．侵入した外来異物が微生物のような小さなものでは

▼インスリン
膵臓ランゲルハンス島のB細胞から分泌され，血糖値の低下作用をもつペプチドホルモンの一種．骨格筋と脂肪組織ではGLUT4のトランスロケーションを起こす一方，肝ではグルコキナーゼの活性化を介してグルコースの取り込みを促進させる．さらに，肝臓や他の組織では，グリコーゲン合成，たんぱく質合成，中性脂肪合成などを促進する．

▼グルカゴン
膵臓ランゲルハンス島A細胞から分泌されるペプチドホルモン．肝臓のグリコーゲン分解促進，アミノ酸や乳酸からの糖新生に働き，血糖値を上昇させる．

▼リゾチーム
植物および動物の各種組織や分泌液，卵白などに広く存在する溶菌作用をもつ酵素．細菌の細胞壁を構成するペプチドグリカンに作用し，N-アセチルムラミン酸とN-アセチルグルコサミンの間のβ-1,4ムラミド結合を加水分解する．おもにグラム陽性菌に対して溶菌活性を示す．

なく，寄生虫などのように大きすぎて食細胞が貪食，消化できない場合には，食細胞はプロテアーゼ（細胞傷害性たんぱく質）も細胞外へ放出します．

外傷などによって上皮組織が破壊されると内部環境である細胞外液に微生物が侵入してくるので，傷口の周辺の細胞はケモカインという信号分子を放出します．ケモカインは傷口周辺の毛細血管を拡張させ，透過性を高めて食細胞が毛細血管から傷口周辺の組織に出やすくするとともに，食細胞を引きつけます．このような反応によって傷口周辺に起こる変化を，炎症といいます．

なお，マクロファージには，傷口などに集まるなど自由に動き回ることができるマクロファージと，特定の部位に固定されているマクロファージとがあります．たとえば，肝臓内部の類洞*にはクッパー細胞が，肺胞には肺マクロファージが，皮膚にはランゲルハンス細胞*が，滑膜*には滑膜A細胞が，脳にはミクログリアがそれぞれ存在し，他にも腸管の漿膜，脾洞，リンパ節，腎糸球体などにもマクロファージが固定されています．

2番目の非特異的防御機構として，食細胞のほかに**ナチュラルキラー（NK）細胞**も活躍します．NK細胞は，ウイルスやバクテリアのほかに体内で増殖を始めたがん細胞にも対応しており，ウイルスに感染した細胞やがん細胞に向けてパーフォリンというたんぱく質を放出して細胞膜に穴を開け，細胞を溶解します．

2）特異的防御機構（図5.8）

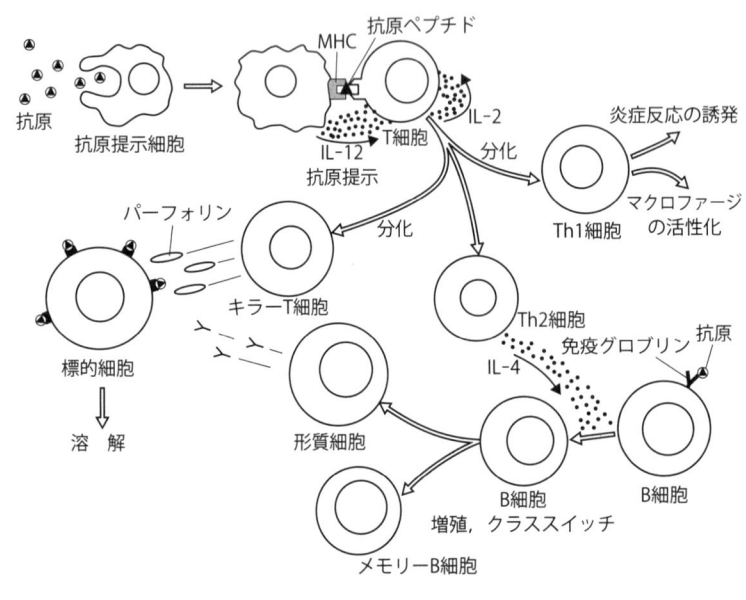

特異的防御機構では，外部環境から侵入した微生物や体内で増殖を始

▼類洞
肝洞様毛細血管ともいう．肝細胞索間に存在する拡張した毛細血管．固有肝動脈および門脈から肝臓に入った血液は類洞に入り，類洞毛細血管は中心静脈に集まり，次第に太い静脈となり肝静脈となり，下大静脈に注ぐ．

▼ランゲルハンス細胞
皮膚固有の抗原提示細胞．外来抗原の侵入を監視する役割を有する．樹状突起をもち，細胞内にはテニスのラケットに似た形のランゲルハンス顆粒（バーベック顆粒ともいう）を有することを特徴としている．

▼滑膜
関節は関節包につつまれており，この関節包の外側は線維膜，内側は滑膜からなる．

図5.8 特異的防御機構

めたがん細胞，あるいは移植された臓器などは，「排除すべきもの」すなわち「抗原」であるとともに，「内部環境にはもともと存在しないもの」すなわち「非自己」として認識されます．そして，「非自己」であり，かつ特定される「抗原」であると認識されたものが，リンパ球の一種であるT細胞*を中心とした細胞性免疫応答，あるいはリンパ球の一種であるB細胞*を中心とした体液性免疫応答によって排除されます．

①細胞性免疫応答

特異的防御機構が活動を開始するためには，抗原提示細胞と呼ばれる細胞（樹状細胞，マクロファージ，またはB細胞）の関与が必要となります．抗原提示細胞は貪食などにより抗原を処理した後，処理した抗原の断片（抗原ペプチド）を主要組織適合遺伝子複合体（MHC）クラスⅠまたはクラスⅡ分子に結合させてT細胞に提示するとともに，インターロイキン*-12（IL-12：interleukin-12）という信号分子を放出します．MHCは細胞に感染したウイルスやがん抗原，あるいは抗原提示細胞に貪食処理されたペプチドなどを結合して細胞表面に提示する働きをもつ糖たんぱく質で，一般にMHCクラスⅠ分子は細胞内の内因性抗原を結合し，MHCクラスⅡ分子はエンドサイトーシスで細胞内に取り込まれて処理された外来性抗原を結合して提示します．なお，ヒトのMHC分子はヒト白血球抗原（HLA：human leukocyte antigen）と呼ばれています．

IL-12を受け取ったT細胞は，MHC分子と抗原ペプチドの複合体に結合すると，抗原を認識し，インターロイキン-2（IL-2）という信号分子を自分自身および近傍のT細胞に向けて分泌します．このIL-2の刺激により，特定の抗原に特異的に反応するT細胞がクローン性に増殖し，細胞傷害性T細胞（キラーT細胞），タイプ1ヘルパーT細胞（Th1細胞）およびタイプ2ヘルパーT細胞（Th2細胞）の3種類のサブタイプに分化します．

キラーT細胞はウイルスに感染した細胞や腫瘍細胞，あるいは移植された臓器の細胞膜上のHLA-Ⅰに結合した抗原を認識し，これらの標的細胞に向けてパーフォリンを放出して細胞膜に穴を開け，細胞を溶解します．Th1細胞は炎症反応の誘導やマクロファージの活性化に関与し，Th2細胞は，B細胞の活性化に関与します．

このような，活性化されたT細胞による特異的な細胞性免疫応答が生じるためには抗原刺激後2～3日必要であり，遅延型免疫反応と呼ばれます．

②体液性免疫応答

体液性免疫応答にはB細胞が関与しており，2つの段階を経て活動を開始します．

B細胞の膜表面には，つねに免疫グロブリン（抗体）（表5.3）のう

▼T細胞（major histocompatibility complex）
リンパ球の一種．前駆細胞の段階で骨髄から胸腺（thymus）に移動してそこで分化・成熟する．胸腺で分化成熟したT細胞は末梢に流出され，リンパ節や脾臓などのリンパ組織内のT領域に分布する．その機能によって，ヘルパー，キラー，サプレッサーのサブセットに大別される．

▼B細胞
骨髄（bone marrow）で分化成熟するリンパ球の一種．体液性免疫担当細胞である．抗原刺激によって，B細胞は，最終的に形質細胞と呼ばれる抗体産生細胞へ分化し抗体をつくる．

▼インターロイキン
リンパ球や単球が生産・放出する細胞間相互作用を有するペプチドたんぱく性物質．細胞間（inter-），白血球（leukocyte →-leukin）よりInterleukinと名づけられた．

表5.3 免疫グロブリンの種類と機能

名称	機能
IgD（免疫グロブリンD）	たんぱく質分解酵素に高い感受性をもつ免疫グロブリン．分子量17万～20万の糖たんぱく質で，ヒト血清中に0.02～0.4 mg含まれる．
IgM（免疫グロブリンM）	免疫初期に産生される抗体．抗原が体内に侵入したとき，まずIgM抗体がつくられる．5種の免疫グロブリンのうちで最も大きい分子量をもつ．
IgA（免疫グロブリンA）	腸管などの粘膜で外来抗原の侵入を阻止して感染防御あるいはアレルギー発症抑制に働く分泌型の抗体．血清中に存在する血清型IgAと，唾液，母乳，涙，鼻粘膜，気管分泌液，腸管分泌液などに分泌される分泌型IgA（s-IgA）の2つのタイプがある．
IgG（免疫グロブリンG）	ヒト血清中で最も高濃度に存在する免疫グロブリン．分子量は約16万．二次免疫応答で速やかに出現して高値を維持する．種々の抗原に対する抗体が含まれ胎盤通過性があることから，新生児の体液性免疫による生体防御に重要である．
IgE（免疫グロブリンE）	I型アレルギー（即時型アレルギー）に関与する抗体．5種の免疫グロブリンの中で血中濃度は最も低い．マスト細胞に結合したIgEにアレルゲン（抗原）が結合すると，細胞からヒスタミンやセロトニンなどの化学伝達物質が放出され，アレルギー症状が現れる．

ちIgDおよびIgMと呼ばれるものが多数発現しています．これらの抗体に特定の抗原が結合すると抗原-抗体複合体が形成され，B細胞内に取り込まれて処理されます．ここまでが第1段階です．ある種の抗原の場合には第1段階のみでB細胞が活性化されますが，多くの場合には，次の第2段階を経てB細胞が活性化されます．

第2段階では，細胞性免疫応答によってT細胞から分化してきたTh2細胞の関与が必要となります．Th2細胞は，抗原を認識するとインターロイキン-4（IL-4）という信号分子を放出します．IL-4の刺激を受けたB細胞はクローン性に増殖し，特定の抗原に特異的に反応するIgMを分泌するようになります．さらにこのとき，B細胞の核内ではDNAから転写された免疫グロブリンmRNA前駆体のスプライシングが変化して，特定の抗原に特異的に反応するIgAやIgG，あるいはIgEへと翻訳させるmRNAが発現します．これをクラススイッチといいます．クラススイッチの後，B細胞は形質細胞（プラズマ細胞）へと分化し，1種類の免疫グロブリンのみを産生します．

産生された免疫グロブリンは，場合によっては肝臓で合成される防御たんぱく質である**補体***と協力し，標的細胞の細胞膜に穴を開けて細胞を溶解します．また，クラススイッチの後，一部のB細胞はメモリーB細胞となり，次に同じ抗原が侵入してきたときに迅速に排除できるよう，待機します．

3. 内分泌系・神経系・免疫系の「対話」

内部環境は神経系，内分泌系，免疫系によって調節されていることを解説してきましたが，では，この三者はそれぞれ独立して働いているのでしょうか．

皮膚の炎症を抑えるために副腎皮質ステロイド剤を用いることがあり

▼補体
11の成分（C1q, r, s, C2-C9）と2つの制御因子（D と B 因子）からなる血清たんぱく質．細菌や赤血球等の抗原と，抗原抗体複合物を形成している抗体への補体第1成分C1q, r, sの結合がきっかけで，他の補体成分も活性化され，溶菌や溶血を起こす．

ますが，これはステロイドホルモン（糖質コルチコイド）が免疫系を抑制し，炎症を鎮めることを利用したものです．また，ストレスが加わると免疫系からインターロイキンが放出され，視床下部に作用して脳下垂体-副腎皮質系を活性化する結果，副腎皮質ホルモンが免疫機能を低下させることが知られています．これとは逆に，「笑う門には福来たる」ということわざがありますが，実際に，お笑い番組やコメディ映画などを鑑賞して大いに笑うことによって免疫系が活性化され，小さながんなら消えてしまうことが報告されています．試しに，「NK 細胞　笑い」で検索してみると，たくさんの研究が行われていることがわかります．

　このように，神経系，内分泌系，免疫系は，お互いに対話し合い，連携し合いながら，それぞれの機能を果たしていることが明らかになりつつあります．この，お互いに対話し合うことを「クロストーク」といいますが，まだまだ不明な点が多く，現在数多くの研究が行われています．

索　引

欧　文

ACTH　90
ALT　76
ATP　10,65
ATP 合成酵素　72

B 細胞　97

cAMP　90
CRH　90

DHA　82
DNA　54

EPA　82

FAD　27
FMN　27

GTP　70

MHC　97

NAD　28
NADP　28
NK 細胞　96

RNA　54

T 細胞　97
TRH　90
tRNA　60
TSH　90

UDP-グルコース　80
UTP　80

VLDL　83

X 線結晶構造解析　72
X 連鎖性優性遺伝　49
X 連鎖性劣性遺伝　49

Y 連鎖性遺伝　50

ア　行

アイソザイム　29
アクアポリン　12,93
アシドーシス　75
アシル CoA　73
アスパラギン酸　76
アスパラギン酸アミノトランスフェラーゼ　76
アセチル CoA　69
アセチルコリン　93
圧受容器　94
アデノシン三リン酸　10,65
アドレナリン　93
アポ酵素　25
アミノ基転移反応　76
アミロース　24
アミロペクチン　24
アラキドン酸　82
アラニン　76,81
アラニンアミノトランスフェラーゼ　76
α-ケトグルタル酸　77
α-ヘリックス構造　17
α-リノレン酸　82
アルブミン　73
アレル　45
アロステリック調節　26
アンギオテンシン　94
アンモニア　78

イオンポンプ　12
異化　63
異型配偶子　39
異性化酵素　29
逸脱酵素　29
遺伝子型　45
遺伝子座　45
遺伝子の組換え　42
飲水中枢　94
インスリン　95
インターロイキン　97
イントロン　58

ウイルス　4
ウリジン三リン酸　80
ウリジン二リン酸-グルコース　80

栄養生殖　38
エキソン　59
塩基　54

横紋筋　36
岡崎フラグメント　57
オキサロ酢酸　70,76
オルニチン　78

カ　行

解糖系　66
核　9
核小体　11
核膜　11
加水分解酵素　29
活性化エネルギー　24
活性酸素　96
ガラクトース　22
カルニチン　74
カルバモイルリン酸　78
キアズマ　42
器官　6
器官系　6
基質特異性　26
ギャップ構造　58
キャノン，W. B.　85
吸収上皮細胞　85
競争的阻害　26
極体　44
キラー T 細胞　97
キロミクロン　83,86
筋肉組織　36

グアノシン三リン酸　70
クエン酸　70
クエン酸回路　66,69,70
クッパー細胞　96
グリア細胞　36
グリコーゲン　24,79
グリコーゲンホスホリラーゼ　80
グリコシド結合　23
クリステ　10
グリセルアルデヒド 3-リン酸　69

グリセロール　19
グルカゴン　95
グルコース　22,67
グルコース 6-ホスファターゼ　81
グルコース 6-リン酸　67
グルタミン酸　77
クロストーク　99
クロマチン　34
クロマチン構造　56

形質　45
結合組織　36
血糖値　86
ケト原性アミノ酸　78
ケトン体　75
ケモカイン　96
原核生物　5
嫌気的過程　67
減数分裂　31,39

高エネルギーリン酸化合物　65
効果器　86
交感神経　92
抗原　97
光合成　63
恒常性　85
甲状腺刺激ホルモン　90
甲状腺刺激ホルモン放出ホルモン
　90
合成酵素　29
構造異常　51,53
好中球　95
コエンザイム A　28
五界説　3
コドン　59
コバラミン　28
コラーゲン　36
ゴルジ体　10
コレステロール　19

サ　行

サイクリック AMP　90
最適 pH　26
最適温度　26
サイトゾル　9,11
細胞　6,7
細胞外液　85
細胞質　7
細胞質受容体　88
細胞周期　31
細胞性免疫応答　97
細胞膜　7
サイレント変異　50

酸化還元酵素　28
酸化的脱アミノ反応　76
酸化的脱炭酸反応　69
三超界説　3

糸球体　86
軸索　91
始原生殖細胞　43
視床下部　92
シナプス　91
ジヒドロキシアセトンリン酸
　68
脂肪酸　19,21
脂肪酸 CoA　73
種　2
集合管　86
従属栄養生物　64
受精　39
出芽　38
受動輸送　12
受容器　86
主要組織適合遺伝子複合体　97
シュライデン　7
シュワン　7
常染色体優性遺伝　48
常染色体劣性遺伝　49
上皮組織　36
小胞体　9,10
食細胞　95
自律神経系　87,91
真核生物　5
神経膠細胞　36
神経細胞　90
神経組織　36
神経伝達物質　91

数の異常　51
スクロース　23
ステロイド　20
ステロイドホルモン　20
スプライシング　59,98

精原細胞　43
精子　39
生殖細胞突然変異　53
精母細胞　43
赤血球　85
接合子　39
染色質　34
染色体　11,32
染色分体　32
選択的スプライシング　59

相同染色体　34,45
相補性　55
組織　6

タ　行

体細胞突然変異　53
体細胞分裂　31
対立遺伝子　45
多細胞生物　5
脱アミノ反応　76
脱離酵素　29
単一遺伝子疾患　48
単細胞生物　5
胆汁酸　20
単層扁平上皮　85

チアミン　27
チアミンピロリン酸　27
遅延型免疫応答　97
チャネルたんぱく質　12
中心体　11
中性脂肪　19

デオキシリボ核酸　34,54
テトラヒドロ葉酸　28
転移酵素　28
電子伝達系　66,71
転写　58

同化　63
同型配偶子　39
糖原性アミノ酸　77
動原体　32
糖新生　81
特異的防御機構　96
独立　48
独立栄養生物　64
独立の法則　47
突然変異　50
トランスポーター　12
トリアシルグリセロール　83

ナ　行

ナイアシン　28
内部環境　85
内分泌系　87
ナチュラルキラー細胞　96
ナトリウム-カリウム ATP アーゼ
　12
ナンセンス変異　50

二価染色体　40
ニコチンアミドアデニンジヌクレオ

索　引

チド　28
ニコチンアミドアデニンジヌクレオチドリン酸　28
ニコチン酸　28
ニコンチンアミド　28
21-トリソミー症候群　52
乳酸　69
乳酸脱水素酵素　29
ニューロン　90
尿素　78
尿素回路　78

ヌクレオソーム　56
ヌクレオチド　54,65

熱量素　63

能動輸送　12
ノルアドレナリン　93

ハ　行

配偶子　39
肺胞　85
肺マクロファージ　96
バソプレッシン　93
パーフォリン　96
パルミチン酸　73
パントテン酸　28
半保存的複製　56

ビオチン　28
非自己　97
微小管　32
ヒストン　56
必須アミノ酸　15
非特異的防御機構　95
表現型　45
ピリドキサールリン酸　28
ピリドキシン　28
ピルビン酸　69,76

フィードバック調節　26
副交感神経　92
副腎皮質刺激ホルモン　90
副腎皮質刺激ホルモン放出ホルモン　90

複製　56
不斉炭素原子　15
フック, R.　7
負のフィードバック　86
不飽和脂肪酸　82
フラビンアデニンジヌクレオチド　27
フラビンモノヌクレオチド　28
フルクトース　22
フレームシフト　51
プロセシング　58
プロテインキナーゼ　90
プロモーター　58
分離の法則　46
分裂　38

平滑筋　36
β酸化　73
β-シート構造　17
ヘテロ接合　45
ペプチド結合　15
ペルオキシソーム　11
ベルナール, C.　85
ヘルパーT細胞　97
変異原　53
変性　18

ホイタッカー　3
補因子　25
傍糸球体装置　94
飽和脂肪酸　82
補欠分子族　25
補酵素　25
補体　98
ホメオスタシス　85
ホモ接合　45
ポリ(A)構造　58
ポリペプチド　15
ホルモン　87
ホルモン感受性リパーゼ　84
ホロ酵素　25
翻訳　59

マ　行

膜結合型受容体　88
マクロファージ　95

マトリックス　10
マルトース　23
マロニルCoA　82

ミスセンス変異　50
ミトコンドリア　9

無性生殖　38

メモリーB細胞　98
免疫グロブリン（抗体）　98
メンデル, G. J.　45
メンデル遺伝病　48

ヤ　行

優性　45
有性生殖　38
優性の法則　45

葉酸　28

ラ　行

ラギング鎖　58
ラクトース　23
卵　39
ランゲルハンス細胞　96
卵原細胞　44
卵母細胞　44

リアーゼ（脱離酵素）　29
リソソーム　11
リゾチーム　95
リーディング鎖　57
リノール酸　82
リボ核酸（RNA）　54
リボソーム　9,10
リボたんぱくリパーゼ　83
リボフラビン　27
リン酸ジエステル結合　55
リン脂質　19
リンネ　3
リンパ液　85

劣性　45
レニン　94
連鎖　48

基礎をかためる 生物・生化学
―栄養学を理解するための第一歩―　　　　　　定価はカバーに表示

2014 年 4 月 10 日　　初版第 1 刷
2019 年 2 月 20 日　　　　第 5 刷

　　　　　　　　　　　　　　　著　者　川　端　輝　江
　　　　　　　　　　　　　　　　　　　山　田　和　彦
　　　　　　　　　　　　　　　　　　　福　島　亜紀子
　　　　　　　　　　　　　　　　　　　菱　沼　宏　哉
　　　　　　　　　　　　　　　発行者　朝　倉　誠　造
　　　　　　　　　　　　　　　発行所　株式会社　朝倉書店
　　　　　　　　　　　　　　　　　　　東京都新宿区新小川町 6-29
　　　　　　　　　　　　　　　　　　　郵 便 番 号　162-8707
　　　　　　　　　　　　　　　　　　　電　　話　03(3260)0141
　　　　　　　　　　　　　　　　　　　Ｆ Ａ Ｘ　03(3260)0180
〈検印省略〉　　　　　　　　　　　　　　http://www.asakura.co.jp

ⓒ 2014〈無断複写・転載を禁ず〉　　　　　　Printed in Korea

ISBN 978-4-254-60022-3　 C 3077

JCOPY 〈(社)出版者著作権管理機構 委託出版物〉
本書の無断複写は著作権法上での例外を除き禁じられています．複写される場合は，そのつど事前に，(社)出版者著作権管理機構（電話 03-3513-6969，FAX 03-3513-6979，e-mail: info@jcopy.or.jp）の許諾を得てください．

前東京都市大 近藤雅雄・東農大 松崎広志編 **コンパクト 基 礎 栄 養 学** 61054-3 C3077　　B5判 176頁 本体2600円	基礎栄養学の要点を図表とともに解説。管理栄養士国家試験ガイドライン準拠。〔内容〕栄養の概念／食物の摂取／消化・吸収の栄養素の体内動態／たんぱく質・糖質・脂質・ビタミン・ミネラル（無機質）の栄養／水・電解質の栄養的意義／他
前東農大 鈴木和春・前東京都市大 重田公子・ 前東京都市大 近藤雅雄編著 **コンパクト 応用栄養学**（第2版） 61058-1 C3077　　B5判 176頁 本体2800円	管理栄養士国試ガイドラインに準拠し平易に解説。〔内容〕栄養ケア・マネジメント／食事摂取基準の基礎的理解／成長・発達・加齢／妊娠期・授乳期／新生児期・乳児期／成長期／成人期／高齢期／運動・スポーツと栄養／環境と栄養
前相模女大 梶本雅俊・東農大 川野 因・ 相模女大 石原淳子編著 **コンパクト 公衆栄養学**（第3版） 61059-8 C3077　　B5判 160頁 本体2600円	家政栄養系学生・管理栄養士国家試験受験者を対象に、平易かつ簡潔に解説した教科書。国試出題基準に準拠。〔内容〕公衆栄養の概念／健康・栄養問題の現状と課題／栄養政策／栄養疫学／公衆栄養マネジメント／公衆栄養プログラムの展開
相模女大 長浜幸子・前大妻女大 中西靖子・前東京都市大 近藤雅雄編 **コンパクト 臨 床 栄 養 学** 61056-7 C3077　　B5判 228頁 本体3200円	臨床栄養学の要点を解説。管理栄養士国試ガイドライン準拠。〔内容〕臨床栄養の概念／栄養アセスメント／栄養ケアの計画と実施／食事療法、栄養補給法／栄養教育／モニタリング、再評価／薬と栄養／疾患・病態別栄養ケアマネジメント
前鈴峯女短大 青木 正・会津短大 齋藤文也編著 **コンパクト 食 品 学** —総論・各論— 61057-4 C3077　　B5判 244頁 本体3600円	管理栄養士国試ガイドラインおよび食品標準成分表の内容に準拠。食品学の総論と各論の重点をこれ一冊で解説。〔内容〕人間と食品／食品の分類／食品の成分／食品の物性／食品の官能検査／食品の機能性／食品材料と特性／食品表示基準／他
前女子栄養大 渡邉早苗・龍谷大 宮崎由子・ 相模女大 吉野陽子編 スタンダード人間栄養学 **これからの応用栄養学演習・実習** —栄養ケアプランと食事計画・供食— 61051-2 C3077　　A4判 128頁 本体2300円	管理栄養士・栄養士の実務能力を養うための実習書・演習書。ライフステージごとに対象者のアセスメントを行いケアプランを作成し食事計画を立案（演習）、調理・供食・試食・考察をする（実習）ことで実践的スキルを養う。豊富な献立例掲載。
上田成子編　桑原祥浩・澤井 淳・岡崎貴世・ 髙鳥浩介・高橋淳子・高橋正弘著 スタンダード人間栄養学 **食品の安全性** 61053-6 C3077　　B5判 164頁 本体2400円	食の安全性について、最新情報を記載し図表を多用した管理栄養士国家試験の新カリキュラム対応のテキスト。〔内容〕食品衛生と法規／食中毒／食品による感染症・寄生虫症／食品の変質／食品中の汚染物質／食品添加物／食品衛生管理／資料
桑原祥浩・上田成子編著 澤井 淳・髙鳥浩介・高橋淳子・大道公秀著 スタンダード人間栄養学 **食品・環境の衛生検査** 61055-0 C3077　　A4判 132頁 本体2500円	食品衛生・環境衛生の実習書。管理栄養士課程の国試ガイドラインおよびモデル・コアカリキュラムに対応。〔内容〕微生物・細菌、食品衛生化学実験（分析、洗浄など）、環境測定（水質試験、生体影響試験など）／付表（各種基準など）／他
椙山女大 森奥登志江編 栄養科学ファウンデーションシリーズ1 **臨 床 栄 養 学** 61651-4 C3077　　B5判 164頁 本体2600円	コアカリキュラムAランクの内容を確実に押さえ、簡潔かつ要点を得た「教えやすい」教科書。実際の症例を豊富に記載。〔内容〕栄養補給法の選択／栄養ケア・マネジメント／栄養アセスメントの方法／POSの活用／疾患別臨床栄養管理／他
前名古屋文理大 江上いすず編著 栄養科学ファウンデーションシリーズ2 **応 用 栄 養 学**（第2版） 61656-9 C3377　　B5判 192頁 本体2700円	簡潔かつ要点を押さえた、応用栄養学の「教えやすい」教科書。〔内容〕栄養ケア・マネジメント／食事摂取基準の根拠／成長・発達・加齢（老化）／ライフステージ別栄養マネジメント／運動・スポーツと栄養／環境と栄養／他
福井富穂・酒井映子・小川宣子編 栄養科学ファウンデーションシリーズ3 **給 食 経 営 管 理 論** 61653-8 C3377　　B5判 160頁 本体2600円	コアカリキュラムAランクの内容を確実に押さえ、簡潔かつ要点を得た給食経営管理の「教えやすい」教科書。〔内容〕フードサービスと栄養管理／管理栄養士・栄養士の役割／安全管理／組織・人事管理／財務管理／施設・設備管理／情報管理／他
池田彩子・小田裕昭・石原健吾編 栄養科学ファウンデーションシリーズ4 **生化学・基礎栄養学** 61654-5 C3377　　B5判 176頁 本体2600円	簡潔かつ要点を押さえた、生化学および基礎栄養学の「教えやすい」教科書。〔内容〕人体の構成／酵素／生体のエネルギーと代謝／糖質、タンパク質、脂質の構造・代謝と栄養／ビタミンの栄養／水と電解質の代謝／消化と吸収・摂食／他

上記価格（税別）は2019年1月現在